石油化工设备技术问答丛书

塔设备技术问答

梁利君 编著
吕碧超 主审

中国石化出版社

内容提要

本书采用问答形式，介绍石油化工企业装置中有关塔器设备的基础知识、结构形式和不同生产装置中塔器设备的操作特点。
本书可供石油化工企业操作人员学习，也可以作为相关技术管理人员工作时的参考。

图书在版编目(CIP)数据

塔设备技术问答/梁利君编著.—北京：中国石化出版社，2005(2024.6重印)
(石油化工设备技术问答丛书)
ISBN 978-7-80164-867-9

Ⅰ.塔… Ⅱ.梁… Ⅲ.石油炼制-塔器-问答
Ⅳ.TE962-44

中国版本图书馆CIP数据核字(2005)第090618号

中国石化出版社出版发行
地址：北京市东城区安定门外大街58号
邮编：100011　电话：(010)57512500
发行部电话：(010)57512575
http://www.sinopec-press.com
E-mail:press@sinopec.com
北京科信印刷有限公司印刷
全国各地新华书店经销
*
787×1092毫米32开本3印张59千字
2005年9月第1版　2024年6月第6次印刷
定价：8.00元

序

设备是企业进行生产的物质技术基础。现代化的石油化工企业，生产连续性强，自动化水平高，且具有高温、高压、易燃、易爆、易腐蚀、易中毒的特点。设备一旦发生问题，会带来一系列严重的后果，往往会导致装置停产、环境污染、火灾爆炸、人身伤亡等重大事故的发生。因而石油化工厂的设备更体现了设备是企业进行生产、发展的重要物质基础。“基础不牢、地动山摇”。设备状况的好坏，直接影响着石油化工企业生产装置的安全、稳定、长周期运行，从而也影响着企业的经济效益。

为了确保石油化工厂设备经常处于良好的状况,就必须强化设备管理,广泛应用先进技术,不断提高检修质量,搞好设备的操作和维护,及时消除设备隐患,排除故障,提高设备的可靠度,从而确保生产装置的安全、稳定、长周期运行。

为了适应广大石油化工设备管理、操作及维护检修人员，了解设备，熟悉设备，懂得设备的结构、性能、作用及可能发生的故障和预防措施，以提高消除隐患，排除故障，搞好操作和日常维护能力的需要，中国石化出版社针对石油化工厂常见的各类设备，诸如，各类泵、压缩机、风机及驱动机、各类工业炉、塔、反应器、压力容器，各类储罐、换热设备，以及各类工业管线、阀门管件等等，组织长期工作在石油化工企业基层，有一定设备理论知识和实践经验的专家和专业技术人员，以设备技术问答的形式，编写了一系列“石油化工设备技术问答丛书”，供大家学习和阅读，希望对广大读者有所帮助。本书即为这套丛书之一。

中国石化设备管理协会副会长　胡安定

目　　录

一、塔设备基础知识

1. 什么是塔？其主要包括哪些部分？

塔是炼油厂的主要工艺设备之一，它是用来完成混合物分离的设备。主要包括以下几个部分：

塔体：包括筒体、端盖（主要是椭圆形封头）及连接法兰。

内件：指塔盘或填料及其支承装置。

支座：支撑塔体的底座，一般为裙式支座，即常说的裙座。

附件：包括人孔、进出料接管、各类仪表接管、液体和气体的分配装置，以及塔外的扶梯、平台、外保温等。

2. 塔按结构可分成几大类？

塔按结构可分为板式塔与填料塔。

板式塔：塔内装有一层层相隔一定距离的塔盘，气体靠压强差推动，由塔底向上依次穿过各塔盘上的液层而流向塔顶；液体则靠重力作用由塔顶逐盘流向塔底，并在各塔盘上形成流动的液层。液、气两相就在塔盘上互相接触，进行热和质的传递。根据塔盘形式的不同，板式塔分为圆泡罩塔、槽型塔盘塔、S 型塔盘塔、浮阀塔、喷射塔、筛板塔等。

填料塔：塔内充填着各种形式的填料，液体自上往下流，气体自下往上流，在填料表面上进行接触，完成传质传热过程。填料的形式繁多，常见的有拉西环、鲍尔环、波纹填料、鞍型填料、丝网填料等。

3. 如何选择板式塔与填料塔

塔径较大时宜采用板式塔。板式塔以单位塔板面积计算造价，随塔径增大而减少，塔的造价则与其体积成正比，小直径填料塔（0.8m 以下）一般都比板式塔低。板式塔直径大，其效率可提高，填料塔直径大则液体分布较难均匀，效率会下降。大塔板的检修比填料清理容易。

当所需要传质单元数或理论塔板数比较多而塔很高时，宜采用板式塔。此情况下若采用填料塔则要分成许多段，进行多次液体再分布，否则液体分布不均，液体或气体产生沟流，影响热效率。

若有热量须从塔内移除，宜采用板式塔。因为塔板上更便于安装冷却管。板式塔可适应比较小的液体流量，若此时用填料则更易致填料润湿不足。板式塔适用于处理有悬浮物的液体，填料层则易被悬浮物堵塞。板式塔便于侧线出料。

填料塔适于处理有腐蚀性的物料。塔板若用耐腐的金属材料制造，则造价会高很多。填料塔压力降比较小。真空蒸馏时需控制塔内压力降在很小的数值之下，用填料塔通常能满足要求。填料塔内滞留的液体量比较少，物料在塔内停留的时间短，故对于间歇蒸馏及热敏性物料的蒸馏适合。填料塔适于处理易发泡的液体。

4. 我国常用的板式塔有哪几种类型？近年来开发使用了哪几种形式的塔盘？

我国常用的板式塔有泡罩塔、筛板塔、浮阀塔和舌型塔等类型。近年来，开发使用了斜孔塔盘、导向筛板、网孔塔盘、大孔筛板、浮阀—筛板复合塔盘以及浮动喷射塔板、旋流塔板、旋叶塔板等。

5. 塔盘主要由哪些部分组成?

塔盘主要由下面几部分组成:

(1) 塔板　其上面开有许多孔，安装浮阀、泡罩等，或者直接作为气相通道。介质的传热和传质就在塔板上面进行。

(2) 降液管　上层液体通过降液管流到下层塔盘，是主要的液体通道。

(3) 溢流堰　包括进口堰和出口堰。进口堰主要是为了保持降液管的正常液体高度，保证传质的正常进行。

6. 从塔盘的溢流方式看，塔盘可分为哪几种?

从塔盘的溢流方式看，可分为单溢流式和双溢流式。其中单溢流式又有中间降液和两边降液之分。一般来说，塔径在 ϕ800 ~2400mm 间的可用单溢流塔盘，塔径在 ϕ2000mm 以上者可用双溢流式塔盘。

7. 一种性能良好的塔盘应具有哪些特点?

(1) 分馏效率高;

(2) 生产能力大，即允许的气、液相负荷都较高;

(3) 操作稳定，“弹性”好，即在塔内气、液相负荷产生较大变化时，仍能保证较高的分馏效率;

(4) 压降小;

(5) 结构简单，安装检修方便。

8. 塔板的种类大体有哪些?

泡罩塔板、浮阀塔板、筛孔塔板、舌形塔板、网孔塔板、垂直筛板、多降液管塔板、林德塔板、无溢流塔板等。

9. 什么是筛板塔盘?

筛板塔盘是在塔盘板上钻许多小孔，工作时流体从上层塔盘经降液管流下，横向流过塔盘通过本层塔盘降液管进入下一层塔盘；气体则自下而上穿过筛孔，分散成气泡，穿过筛板上的液层，在此过程中进行相际间传质、传热。由于气体具有一定的压力和流速，对流体有“支撑”作用，故一般情况下流体不会从筛孔中漏下。

10. 筛板塔盘有什么优缺点？

优点：结构简单，制造维护方便；生产能力大，比泡罩塔盘高20%～30%；压降小；比泡罩塔盘效率高，但不及浮阀塔盘；操作弹性较高，但不及泡罩塔盘。

缺点：小孔径筛孔易堵塞，故不宜处理脏、粘性大及带固体颗粒的料液。

11. 什么是舌形塔盘？

舌形塔盘是在塔肋板上冲制许多舌形孔，舌片翘起与水平夹角20°。工作时，流体在塔盘上的流动方向与舌孔的倾斜方向一致，气体从舌孔中喷射而出，由于气、液两相并液流动，故雾沫夹带少，当舌孔气速达到一定数值时，将塔盘上的流体喷射成滴状，从而加大了气、液接触面积。

12. 舌形塔盘有什么优缺点？

舌形塔盘与泡罩塔盘相比具有塔盘上液层薄，持液量少，压力降小（约为泡罩的33%～50%），生产能力大，结构简单，可节约金属用量12%～45%，制造、安装、维修方便等优点。但因舌孔开度是固定的，在低负荷下操作易产生漏液现象，故其操作弹性较小，塔盘效率较低，因而使用受到一定限制。

13. 什么是泡罩塔盘？

泡罩塔盘是工业上应用最早的一种塔盘。是在塔盘板上开许多圆孔，每个圆孔上焊接一个短管，称为升气管，管上再罩一个“帽子”，称为泡罩，泡罩周围开有许多条形孔。工作时，液体由上层塔盘经降液管流入下层塔盘，然后横向渡过塔盘板，流入再下一层塔盘；气体从下层塔盘上升进入升气管，通过环形通道再经泡罩的条形孔流散到泡罩间的液层中。

14. 泡罩塔盘有什么优缺点？

优点：气液两相接触充分，传质面积大，塔盘效率高；操作弹性大，在负荷变化范围较大时，仍能保持较高的效率；具有较高的生产能力，适用于大型生产；不易堵塞，介质适应范围广，操作稳定可靠。

缺点：结构复杂、造价高，安装维护麻烦；气相压降大。

15. 什么是浮阀塔盘？

浮阀塔是泡罩塔、筛板塔、喷射塔和筛板塔结合的产物，利用气液相在雾滴中增大传质效果，提高效率的原理而工作的。主要构件有平面塔板、降液管和浮阀。一种浮阀是带有三个爪的结构；另一种没有爪的，只有一阀片靠焊接在塔板上的导向架固定在塔板的相应位置，阀片可以在导向内自由升架。在浮阀塔板上开有许多圆孔，每一孔上都装有一个带三条腿的阀片。在没有上升蒸汽时，浮阀闭合于塔板上，这时浮阀开度仅有 2mm 左右，当有上升蒸汽量，浮阀受气流冲动而开启，开启的程度由蒸汽速度大小而定，气速降低，阀片在重力作用下自动关闭。上升的蒸气穿过低阀孔在浮阀片的作用下，向水平方向分散穿过液体层鼓泡而出（达到了传质和传热的效果）。具有操作弹性大、鼓泡性能良好等特点。

16. 浮阀塔盘有什么优点?

生产能力大，因浮阀在塔盘板上排列比泡罩更紧凑，故生产能力比泡罩塔盘提高20% ~40%，与筛板塔盘差不多；操作弹性大，因浮阀可在一定范围内自由升降以适应气量的变化，所以能在较宽的气流范围内保持高的效率。浮阀塔盘操作弹性比泡罩和筛板大得多；效率高。由于气液接触充分，且蒸气以水平方向吹入液层，故雾沫夹带较少，因此分离效果好，一般效率比泡罩塔盘高15%左右；压降小。气流通过浮阀时只有一次收缩、扩大及转弯，故压降比泡罩塔盘低；与泡罩塔盘相比，结构简单，制造安装也较方便，制造费用仅为泡罩的60% ~80%，但是筛板塔盘的120% ~130%。

浮阀塔盘由于其性能优良，又无特别明显的不足，因而在炼油、化工生产的塔设备中得到了广泛的应用。

17. 浮阀塔盘的结构有何特点? 请举例画图说明

浮阀塔盘是气、液两相进行传质和传热的场所，其上面布满浮阀。浮阀从大体上分为两类:

盘状浮阀——浮阀是圆盘形，塔板上开孔是圆孔，其中一种F1型浮阀是最常用的一种。

条状浮阀——浮阀是带支腿的长条片，塔板上开的长条孔。

以F1型浮阀为例说明如下：F1型浮阀，如图1所示，圆盘浮阀靠三条支腿插在塔板上三角形排列的圆孔内，当气体通过圆孔上升时，靠气流的动能把阀片顶起，气体就吹入塔板上的液层内进行鼓泡。阀片上的三条支腿，起到限制阀片的运动和开度的作用。并且，F1型浮阀的周边有三个起始定距片，即使浮阀完全关闭，阀片与塔板之间仍能保持一定距离，这样即使在小气量时，气体也能通过阀片均匀鼓泡，因而可以得到较宽的稳定操作范围。同时，由于阀片与塔板之间的点接触，可以避免阀片与塔板粘住，使浮阀在气量增大时能平稳升起。此开度一般为 2.5mm。

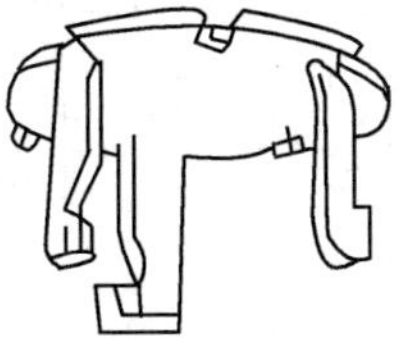

图 1　F1 型浮阀

18. 浮阀塔盘型号表示什么意思？

浮阀塔盘的型号表示方法如下所示：

SF2620E9.45

- 9.45 —— 塔盘开孔率
- E ——
  - A:（单流）可调溢流板，可拆降液管；
  - B:（单流）可调溢流板，不可拆降液管；
  - C:（单流）溢流板及降液管均匀为不可调和不可拆；
  - D:（双溢流）中间降液；
  - E:（双溢流）两边降液。
- 20 —— 降液管截面积与塔截面积之比
- 26 —— 塔径（mm），除以 100 的值
- F —— 浮阀塔盘的标志
- S —— 液流方式
  - S:双流式
  - D:单流式

上面的型号表示塔径为 2600mm 的双溢流中间降液式塔盘，塔盘开孔率为 9.45% 左右，降液管与塔截面积之比为 20% 。

19. F1 型浮阀现在国内已标准化，其型号有什么意义？

F1 型浮阀现在国内已标准，一般从其型号上可以看出其特性。其型号如下所示，例中表示为 F1 型重型浮阀，材质为 A_3F，适用于 3mm 厚的塔板。其中重型 F1 型浮阀重约 32～34g，用 $\delta = 2$mm 薄钢板冲成。轻型 F1 型浮阀重约 25～

26g，用 $\delta = 1.5mm$ 薄钢板冲成。

F 1 Z — 3 A

- A——浮阀材质：A—A_3F；B—1Cr13；C—1Cr18Ni9Ti；D—Cr18Ni12MoTi
- 3——适用的塔板厚度（mm）包括 2、3、4、4.5 等几种
- Z——重型（Z）或轻型（Q）
- F1——F1 型浮阀标志

20. 简述填料塔的结构

填料塔为一直立式圆筒，内有填料乱堆或整砌在靠近筒郭的支承板上。气体从底部被送入，液体在塔顶经分布器被淋附在填料层表面上。液体在填料层中有倾向塔壁流动的趋势，故填料层较高时常将其分成数段，两段之间设立液体再分布器。液体在填料表面分散成薄膜，经填料间的缝隙下流，或成液滴下。填料为气、液两相提供充分的接触面，并为气相提高湍动度，以利于传质、传热。填料层的润湿表面就成为气、液接触的传质表面。填料层气、液两相呈逆流接触（也有呈并流接触的塔），气体从塔顶进入，可避免液泛，减少阻力。两相的组成是沿塔高连续改变的，这一点与板式塔内组成所作的跃式变化完全不同。

21. 填料塔的附属设备主要有哪些？

填料塔的附属设备主要有液体喷淋装置、除沫装置、液体再分布器及填料支承装置等。

22. 填料塔里填料的作用是什么？一般对填料有哪几方面的要求？

填料是一种固体填充物，其作用是为气、液两相提供充

分的接触面，并为强化其湍流程度创造条件，以利于传质。所以填料塔效率的高低与其使用的填料关系很大，一般对填料有如下几方面的要求：

(1) 空隙率(也称自由体积)要大。即单位体积填料层中的空隙体积要大。

(2) 比表面要大。即单位体积填料层的表面积要大。

(3) 填料的表面润湿性能要好，并在结构上要有利于两相密切接触，促进湍动。

(4) 对所处理的物料具有良好的耐腐蚀性。

(5) 填料本身的密度(包括材料和结构两方面)要小，且有足够的机械强度。

(6) 取材容易，制造方便，价格便宜。

23. 填料的种类很多，按其堆砌方式大体可分为哪两大类？各有哪些常见的填料？

按填料的堆砌方式大体可分为散堆填料与规整填料两大类。常见的散堆填料有拉西环、鲍尔环、θ 环、十字环、弧形鞍、矩形鞍等；规整填料主要有波纹网填料和波纹板填料等。

24. 填料是填料塔气液接触的元件，目前各种形式、规格的填料种类繁多，其改进的方向是什么？

填料改进的方向为增加其通过能力，以适应工业生产的需要；改善流体的分布与接触，以提高分离效率。

25. 填料塔选用填料应注意哪些因素？

选择填料时，须综合考虑生产能力、效率、操作弹性、成本和压力降、物料的腐蚀性和填料的供应等因素。

26. 什么是塔板效率？其影响因素有哪些？

在实际生产中，由于接触时间有限，液(雾)沫夹带的原因，还有制造和安装的关系，气液两相不能达到平衡状态，使实际的塔板数大于理论的塔板数。理论塔板数与实际塔板数之比就是塔板效率。它主要有下列几个影响因素：

（1）气、液两相的物理性质，如扩散系数，相对挥发度、粘度等。

（2）操作参数，如气、液两相的流速、回流比、压力、温度等。

（3）塔的结构，希望能提供良好的两相接触，如大的截面、激励的湍流等。

27. 塔有哪些不正常的操作现象？

塔有以下一些不正常操作现象：

夹带液沫：对一定的液体流量，气速越大，液沫夹带越大，塔板上液层越厚。而液层厚度增加，相当于板间距的减小，对液沫夹带量的影响增大，因此，当气速增至某一定数值时，塔板上必将出现恶性循环，板上液层不断地增厚而不能达到平衡，最终液体将充斥全塔，并随着气体从塔顶溢出，这种现象称为夹带液沫。

溢流液沫：因降液管通过能力的限制而引起的液沫称为溢流液沫。板压降太大通常是降液管内液面太高的主要原因。因此，板压降很大的塔板都比较容易发生溢流液沫，由此可见，气速过大同样会造成溢流液沫。此外，如塔内某块塔板的降液管阻力急剧增加（如堵塞）也会造成溢流液沫。

漏液：当气体流速较小时，塔板上部分液体会从筛孔中直接落下，这种现象称为漏液现象。漏液现象的发生除塔板的结构因素外，气速是决定塔板是否漏液的主要因素。

28. 什么叫雾沫夹带？它有哪些影响因素？

气体在液体内鼓泡后，穿过液层时总不免带有许多液滴，有的来不及分离出来就被湍流带到上一层塔板，这就称为“雾沫夹带”。由于雾沫夹带，往往使塔板效率下降。它的影响因素有：

（1）处理量的大小：处理量大时，气相负荷也增大，塔内气速变大，雾沫夹带也变得严重。

（2）塔盘间距：塔盘间距不能太小，否则雾沫夹带量也大。

（3）塔盘结构：好的塔盘结构，能控制雾沫夹带量。

29. 什么叫液泛？它有什么危害？产生的原因是什么？怎样防止？

在生产过程中，由于气相或液相的流量过大，上、下两层的塔板压力降增大到使液体无法正常下流。当管内液体满到一定程度后，使下层塔板的液体满到上层去，这种现象称为液泛（即淹塔）。当液泛开始时，塔的压降急剧上升，效率则急剧下降，正常的操作就被打破。其产生原因有以下几个方面：

（1）气相量过大：使得大量液滴从泡沫层中喷出到达上层塔板，冷凝回流后增大了降液管负荷及塔板的压力降，产生淹塔现象。

（2）液体流量过大：降液管面积不足，使液体不能及时通过，也会产生淹塔。有时降液管堵塞也会产生这种现象。

主要的防止方法有：

（1）尽量加大降液管截面积，但会减少塔板开孔面积。

（2）改进塔盘结构，降低塔盘压力降。

（3）控制液体回流量不能太大。

30. 什么叫漏液？它有什么害处？

液体在塔盘上横向流动并经降液管流入下一层塔盘。如果气相负荷过小，塔内气速很低，大量的液体由于重力的作用，会从阀孔或舌形塔盘的舌孔直接漏到下一层塔盘，这种现象称为“漏液”。

由于漏液使气、液两相没有充分接触，降低了塔盘的效率，所以处理量应控制在允许范围内，不可随意减小。

31. 什么叫气泡夹带？它有什么害处？

液体横流过塔盘，与气体接触后由降液管流到下层塔盘。液体流入降液管时常带有大量的气泡，在降液管中停留足够的时间，使泡沫分离成气体与清液，气体上升回到上层塔盘。如果液相负荷增加，液体在降液管中流速增加，停留时间很短，液体中夹带的气泡来不及分离就被带入到下一层塔盘，这种现象称为“气泡夹带”。

严重的气泡夹带同样会降低塔盘的分离效率，所以也是不允许的。防止气泡夹带的主要措施是控制回流量。

32. 塔的安装对精馏操作有何影响？

对于新建和改建的塔希望能满足分离能力高、生产能力大、操作稳定等要求。为此，对于安装质量要求做到：

（1）塔身垂直。倾斜度不得超过 1/1000，否则会在塔板上造成死区，使塔的精馏效率降低。

（2）塔板水平。水平度不能超过 ±2mm，塔板水平度若达不到要求，则会造成板面上的液层高度不均匀，使塔内上升的气相易从液层高度小的区域穿过，使气液两相在塔板上不能达到预期的传热和传质要求，使塔板效率降低。筛板塔尤要注意塔板的水平要求。对于舌形塔板、浮动喷射塔板、斜孔塔板等还需注意塔板的安装位置，保持开口方向与该层塔板上的液体流动方面一致。

（3）溢流口与下层塔板的距离应根据生产能力和下层塔

板溢流堰的高度而定。但必须满足溢流堰板能插入下层受液盘的液体之中，以保持上层液相下流时有足够的通道和封住下层上升的蒸气必需的液封，避免气相走短路。另外，泪孔是否畅通，受液槽、集油箱、升气管等部件的安装、检修情况都是需要注意的。

对于各种不同的塔板有不同的安装要求，只有按要求安装才能保证塔的生产效率。

33. 塔的裙座高度是如何确定的？

塔的裙座高度主要是保证塔底产品抽出口与泵的进口管线的高度差大于塔底泵的气蚀余量，避免塔底泵因发生气蚀作用而损坏。

34. 板式塔安装中密封垫的作用是什么？

防止生产过程中气、液相短路，造成偏流，并最终降低塔的分离效果。

35. 塔设备在停车时检查的重点项目是什么？

(1) 检查塔盘水平度及支撑件、连接件的腐蚀、松动等情况，必要时取出塔外清洗或更换。

(2) 检查塔体腐蚀、变形及各部位焊缝的情况，对塔壁、封头、进料口处筒体、出入口接管、压力引出口线、液位记引出线等处进行测厚，判断其受蚀情况。

(3) 全面检查设备的附件、安全阀、压力表、温度计、液面计等接管有无堵塞，是否在规定的压力下动作，有无对其安全阀、压力表等进行校验等等。

(4) 如在运行中发现异常振动现象，停车检查时一定要查明原因，妥善处理。如焦化接触冷却塔曾出现裙座螺栓松动特殊情况。

(5) 对于介质较脏的塔，如焦化分馏塔还需检查塔盘浮阀是否灵活，集油箱及塔底抽出线结焦情况等等。

（6）对于焦碳塔除检查塔设备变形、裙座裂纹扩展情况，除塔壁受腐蚀外，还需检查塔内壁挂焦情况，挂壁严重的话，需要将挂焦铲干净。

36. 装置停工吹扫后，要清理塔内杂质时，打开塔体人孔应从上往下，还是从下往上？为什么？

应从上往下开始拆。因为吹扫后可能还有部分易燃易爆气体在塔内积聚，而又往往积聚在塔内底部，如果先拆开下面人孔，空气进入后，可燃气体与空气混合成爆炸性气体，遇火星即会爆炸。

相反，从上往下拆，每拆一个，就引成一个空气对流段，塔内的易燃易爆气体随空气对流到塔外，难以达到爆炸浓度极限，故从上往下拆比较安全。

二、常减压装置中的塔设备

1. 常减压蒸馏装置蒸馏塔板主要有哪几种？它们有何优缺点？适用范围如何？

国内常减压蒸馏装置常使用浮阀、筛板、圆形泡罩、槽形、舌形、浮舌、浮动喷射、网孔、斜孔等形式的塔板。几种常用塔板的优缺点及适用范围的介绍见表1。

表1 各种塔板的优缺点及适用范围

塔板类型	优 点	缺 点	适用范围
圆形泡罩	较成熟，操作范围宽	结构复杂，阻力大，生产能力低	某些要求弹性好的特殊塔
浮阀板	效率高，操作范围宽	需要不锈钢，浮阀容易脱落	分馏要求高，负荷变化大，如原油常压分馏塔
筛板	效率较高，成本低	安装要求水平，易堵塞	分离要求高，塔板数较多，如化工的丙烯塔
舌形板(固)	结构简单，生产能力大	操作范围窄，效率低	分离要求低的闪蒸塔
浮喷板	压降小，生产能力大	浮板易脱落，效率较低	分离要求较低的原油减压分馏塔
网孔板	压降小，生产能力大，效率较高	操作范围较窄	较多用于润滑油型减压塔

在常压蒸馏的条件下采用浮阀、筛板塔比较合适。减压塔要求其塔阻力降越小越好，一般多采用网孔板或浮喷板。

石油蒸馏塔的气提段杂质含量多，而且在高温的条件下容易聚合生焦，采用圆形泡帽、槽形或大孔筛板较为妥当。几种常用塔板各方面性能的比较。收集在表2。

表2　几种常用塔板性能比较

项　目		圆形泡帽	筛板	V型浮阀	浮动喷射塔板	固舌形塔板	网孔板	备注
液体和气体负荷	高	2	4	4	4	4	4	符号说明
	低	3	2	5	3	3	3	
稳定操作范围		4	3	5	4	3	3	
压力降		0	3	2	4	2	4	
液沫夹带量		1	3	3	3	4	3	0 不合适
塔板间距		3	4	4	4	4	4	1 尚可
分离效率		4	4	5	3	3	4	2 合适
设备单位体积的产量		2	4	4	4	4	4	3 较满意 4 很好
制造费用		2	4	3	3	4	4	5 好结构
材料消耗		2	4	4	4	5	4	
安装和拆卸		1	4	4	3	4	3	
检查清洗及检修		2	3	3	3	3	3	
处理脏污物料		1	1	2	3	2	2	
液体在塔板上的滞留		0	3	3	5	5	5	
开工和停工操作		4	2	4	4	3	3	

2. 不同类型塔板的气液传质原理有何区别?

塔板是板式塔的核心部件，它的主要作用是造成较大的气、液相接触的表面积，以利于在两相之间进行传质和传热的过程。

塔板上气液接触的情况随气速的变化而有所不同，大致可以分为以下四种类型：

（1）鼓泡接触：当塔内气速较低的情况下，气体以一个气泡的形态穿过液层上升。塔板上所有气泡外表面积之和即该塔板上气、液传质的面积。

（2）蜂窝状接触：随着气速的提高，单位时间内通过液层气体数量增加，使液层变成为蜂窝状。它的传质面积要比鼓泡接触大。

（3）泡沫接触：气体速度进一步加大时，穿过液层的气泡直径变小，呈现泡沫状态的接触形式。

（4）喷射接触：气体高速穿过塔板，将板上的液体都粉碎成为液滴，此时传质和传热过程则是在气体和液滴的外表面之间进行。

前三种情况在塔板上的液体是连续的，气体是分散相进行气液接触传热和传质过程的；喷射接触在塔板上气体处在连续相，液体变成了分散相。

在小型低速的分馏塔内才会出现鼓泡和蜂窝状的接触情况。原油蒸馏过程中气速一般比较大，常压蒸馏采用浮阀或筛孔塔板，以泡沫接触为主的方式进行传热、传质。减压蒸馏的气体流速特别高，通常采用网孔或浮喷塔板，以喷射接触的方式进行传热和传质。经高速气流冲击所形成液滴的流速也很大，为避免大量雾沫夹带影响传质效果，塔板上均装设有挡沫板。

3. 在蒸馏过程中经常使用哪些种类的填料？如何评价填料的性能？

填料是最早在蒸馏塔内用来进行传热、传质的核心部件。由于炼厂蒸馏塔处理能力不断增大，填料塔在当时未能很好地解决气液分布的技术关键问题，而被板式蒸馏塔取代。由于填料塔有着阻力降小，可以根据介质具体情况选择合适的材料制作填料，较容易解决塔内腐蚀等优点而受到工程界的重视，20 世纪 70 年代以来由于较好地解决了液体在塔内均匀分配的技术关键，炼厂蒸馏塔尤其是减压蒸馏塔相继出现由填料取代塔板的发展趋势。国内炼厂首先在减压塔上部缩径部位用金属填料取代了塔板，进一步出现了全填料干式减压蒸馏塔，提高了我国炼油工业的生产技术水平。

填料从其填装特点的不同分为规整填料和乱堆填料。乱堆填料是采用颗粒填料乱堆于塔中，常用颗粒填料有：拉西环(Raschig Ring)、鲍尔环(pall Ring)及矩鞍环，被译为英特洛克斯填料(Intalox Saddle)，在 1977 年底美国诺顿公司(Norton)开发的金属矩鞍环(Intalox Metal)受到炼油、化工界人士重视，所以近年来我国炼厂的减压塔的填料较多都采用英特洛克斯填料。在塔内整齐堆砌的规整填料具有大通量、低压降、高效率的优点，愈来愈引起人们的注意，在大型蒸馏塔中格里希(Glitsch)格栅型填料、孔板波纹填料、丝网波纹填料已得到广泛的应用。

填料的主要性能有以下几种：

(1) 比表面积(m^2/m^3)：单位体积的填料堆集空间中，填料所具有的表面积的总和。比表面积越大、对传热、传质也越有利。

(2) 空隙率(%)：指填料外的空间与堆积体积的百分比，空隙率越高，阻力降越小。英特洛克斯填料的空隙率为 97% ~98%。

(3) 当量理论板高度：指相当一块理论塔板分离能力所需要填料层的高度。当量理论板高度越小分离效能越高，炼厂常用的 50mm 英特洛克斯填料的当量理论板高度为 560 ~

740mm。填料尺寸越大则其当量理论板高度也增加。

4. 板式塔的溢流有哪些不同的形式？适用于什么场合？

板式塔溢流设施的形式有多种，以适应塔内气、液相负荷变化及传热、传质方式的不同，以及塔径大小等因素保证提供最佳的分离效果。当液体在塔板上呈连续相，而气体呈分散相时，液体从进口堰往出口堰方向流动。为保证流动顺利进行，塔板上必然存在着液面的落差，即进口堰附近的液面比出口堰附近的液面高。液面落差的大小与液体流量、塔径以及液体粘度等因素有关，如果液流量加大，液体粘度加大，或在塔板上液体流程增大都会相应导致落差的加大。液面落差太大时会使进口堰附近的气体流量急剧减少，漏液严重，大量气体在出口堰一侧穿过液层，流速加大会导致雾沫夹带增加，这些因素都会使塔板的分离效率下降。为了合理的进行塔板结构的设计，有四种不同的溢流方式可供选择。

（1）U形流：对直径在0.6～1.8m的小型蒸馏塔，而且塔内液体流量很小，在5～12m^3/h以下，塔板上的进、出口堰在同侧相邻布置，液体在板上从入口经U形流动在出口溢流。

（2）单溢流：适用于液体量在120m^3/h以下，塔径≤2.4m的蒸馏塔，进口堰和出口堰对称地设置在塔的两侧，液体沿直径方向一次流过塔板。

（3）双溢流：对于液流量较大约在在90～280m^3/h，塔径在1.8～6.4m的条件下，为了避免在塔板上液面落差过大而采用双溢流的塔板结构形式。对于双溢流的蒸馏塔，它是由两种结构形式的塔板依次交替组合起来的。一种是进口堰在塔的两侧、出口堰在塔的中部，液体由两侧向中间流动经出口堰流往下一层塔板；另一种是进口堰在塔的中部，出口堰在塔的两侧，流体由塔板当中往两侧流动。

（4）阶梯式流：对于液流量在 200 ~ 440m^3/h，塔径在 3.0 ~ 6.4m 的情况下，为避免液面落差过大，板面设计成阶梯式，自进口往出口方向逐渐降低，每一阶梯上都有相应的出口堰，以保证每一小块塔面上液层厚度大致相同，从而使各部分的气流比较均匀。

炼厂常减压蒸馏装置中绝大多数塔采用的是单溢流和双溢流两种溢流方式。

对于喷射接触板上液体呈分散相的网孔、浮喷塔板，由于板上没有液层存在，故而不存在液面落差的问题。这样的塔在直径高达 6.4m，采用单溢流的塔板结构仍然可以得到较好的分离效果。

塔板上液体流动的各种方式见图 2 所示。

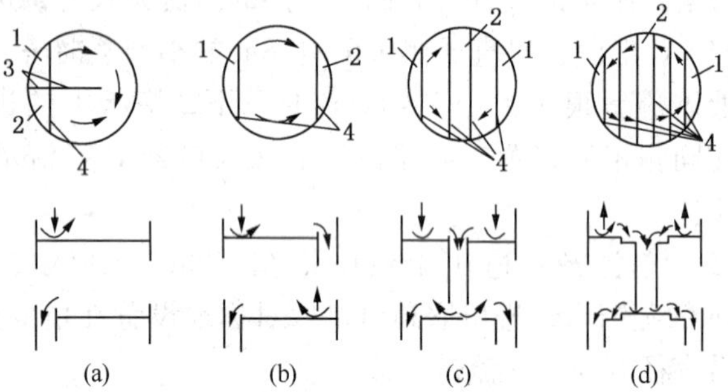

图 2　液体流程示意图

1—进口降液管；2—出口降液管；3—挡板；4—堰

5. 减压塔为什么设计成为两端细，中间粗的形式？

减压塔上部由于气、液相负荷都比较小，故而相应的塔径也小。减压塔底由于温度较高，塔底产品停留时间太长，容易发生裂解、缩合结焦等化学反应，影响产品质量，而且对长期安全运转不利。为了减少塔底产品的停留时间，塔的汽提段也采用较小的塔径。绝大多数减压塔下部的汽提段和上部缩径部分的直径相同，有利于塔的制造和安装。减压塔的中部由于气、液相负荷都较大，相应选择了较大的直径，故而构成了减压塔两端细、中间粗的外形特征。

6. 蒸馏塔体及塔内主要部件材质选择应该注意哪些问题?

蒸馏装置的塔器从其操作温度来看不算太高，通常不会超过400℃。从耐温的要求来考虑，一般的低碳钢均满足其要求。对低含硫、低酸值的原油，例如大庆原油，一般采用 A_3 或 $20^{\#}$锅炉钢作为塔体或塔内主要部件的材料。

多数原油由于含有较多的硫或者环烷酸，造成在生产过程中塔严重的腐蚀，针对腐蚀原因的不同在材质选择上应采取相应的措施。

为了满足强度的要求，常减压蒸馏装置的蒸馏塔尤其是减压塔壁厚较大，如果全部由合金材料制作势必大量增加设备的投资。一般都是采取塔体外壁用碳钢内衬防腐蚀合金薄板的办法。塔内用于气液传质的塔板以及有关的支撑固定的零部件等应当用防腐蚀的金属材料来制作。

塔壁衬里常用0Cr13 或 1Cr13 薄板。近年来炼厂在解决高温硫腐蚀及环烷酸腐蚀时，不少工厂应用 A_3F 钢渗铝的方法来提高塔盘耐蚀力，也取得了较好的效果。浮阀塔板上使用的浮阀在原油腐蚀性很弱的情况下可以用 A_3F 钢，在有较强腐蚀的条件下应采用1Cr 13 材质来制造。

解决常减压蒸馏装置的防腐蚀工作一方面要在塔设备材质的选择方面给予重视；另一方面要加强装置深度脱盐，避免或减少氯化氢气体的生成。在处理环烷酸含量很高的原油时，采用注碱是减轻腐蚀速率重要的工艺措施。

7. 如何确定填料塔的填料层高度?

塔的填料层高度严格来讲应该保证传质和传热两个方面的要求。从传质的角度来看要完成一定的分离任务，塔内就应该保证具有一定理论塔板数的分离能力，对于某一型号的填料当量理论板高度也是一定的，相应地可以确定其填料层高度。但是国内炼油设计目前没有开展求取各段理论塔板数的工作，因此很难从传质角度来确定填料层高度。在塔的设计时每一个填料段都要进行严格地热量衡算，从而确定通过填料表面的传热量，选取一定的传热系数，再依据该段气、液相的平均温差很容易确定提供传热应用的填料的表面积和填料的总体积。塔径是参照泛点气速确定的，塔径一定的前提下每段填料层高度也可以相应定下来了。

为了防止填料层过高之后液体在塔内分布不均匀影响传热、传质的效果。大型石油蒸馏塔每段填料层高度一般不超过5.5m，如果需要的填料层高太大时，可把其分为若干段，并在中间加设液体再分布器。

8. 在减压塔内如何合理地使用破沫网?

减压塔从气化段到最下抽出侧线之间设置了塔板或填料，其目的是为了降低最下抽出侧线馏分油的残炭和重金属含量，这一段一般称为洗涤段。为保证馏出油的质量，要求在洗涤段的上方设有破沫网，以除去气流中夹带的液滴，破沫网的操作状态有湿态和干态两种，湿态操作的破沫网上淋洒着冲洗油，冲洗油一般是与侧线产品一起从最下抽出，然后部分返回塔内的油品，其喷淋密度在550kg/m^{3}左右。湿态操作的破沫网洗涤效果好，但主要缺点是阻力降大。胜利炼厂停止了破沫网上喷淋液体，也就是从湿态转为干态操作，破沫网压降由原来的3.52kPa减至0.53~0.67kPa。干态的破沫网主要依靠气体中的液滴冲击在金属丝上后随之被附着，流至两根金属丝交叠的接触处，当聚集到一定的体积后液滴自行下落，达到破沫的目的。

在塔内破沫网多半是采用分块砌装的，原先多采用平丝网，效果不够理想。上炼、七厂等常减压装置把丝网压成波纹状重叠安装。这种破沫网分离效果好，而且阻力降小，压降在0.133kPa以下。当丝网厚度在100~150mm，气速在1~3m/s时，对大于5μm液滴其分离效率可达99%。

由于丝网长期处于高速气流冲刷之下，故其材质的选择十分重要。某些装置处理酸值及含硫量较高的原油，即使采用不锈钢丝网，在停工检修时仍发现这些破沫网已变脆，甚至已经破碎了。一些炼厂正准备用渗铝的钢材来代替不锈钢，以解决腐蚀的试验。

9. 石油蒸馏塔的转油线在流速选择、管线安装等方面应注意哪些问题?

转油线是指从炉出口到石油蒸馏塔入口的这根管线，其工况的特点是温度高，介质处于气液混相的状态，流速也很高，如果设计与安装处理不当会产生脉冲状流动，使管线、塔发生较强的振动，或者因为强烈地冲刷加上介质的腐蚀作用使转油线穿孔，造成事故，从而使整个装置不得不被迫停工检修。

转油线设计时，流速应选择得当，转油线的尺寸一般应根据气、液两相流在管内的流速、允许压力降和温度降等因素综合考虑，流速高则需管径小，但压降与温降大。

常压炉出口转油线流速一般为25~35m/s，对酸值大于0.5mgKOH/g，环烷酸含量较高的原油建议采用25~30m/s

的较小流速值，以避免流速高而加快转油线的腐蚀率。

有关减压炉出口转油线内气液两相流速，国内外有高低速派之分，高速派者建议以下式确定流速。

$$V = 256\sqrt{P_m / r_m}$$

式中 V——允许线速度，m/s；

P_m——管线内的平均压力，atm(绝)；

r_m——气液混合物的平均密度，kg/m^3。

但其最大流速不得超过 100m/s，同样在加工环烷酸含量较高的原油时，也应选用较小的流速。低速派者建议主转油线两相流体的流速采用 36m/s 为宜。低速转油线一般由三部分构成。与炉管直接相连的高速转油线，其数量与减压炉的管程数相同，它以 45°的倾角汇合进入过渡段管线，然后再进入低速转油线的主转油线，使油气逐级膨胀以达到低压降、低温降的目的。国内目前常减压蒸馏装置多采用低速转油线的设计方案。

转油线由于管内温度很高，管线安装时应充分地考虑热补偿的要求，转油线弯头的弧度应该大一些，以避免产生严重的冲刷作用，考虑到转油线存在着较大的冲刷及腐蚀作用，应选择较好材质的钢管来制作转油线，以保证装置 86 周期安全运转。

10. 初馏塔、常压塔及减压塔的裙座高度是如何确定的？

初馏塔、常压塔均在略高于大气压的压力条件下操作，如果塔底泵切换或抽空处理后重新启动，塔底油泵可依靠塔内压力直接流入泵体，将泵灌满。在启动泵时，其裙座高度主要保证塔底产品抽出口与泵进口的高度差大于塔底泵的气蚀裕量，避免塔底泵因气蚀作用而损坏。国产离心油泵的气蚀裕量一般在4m左右，因而初馏塔及常压塔的裙座高度通常是4～5m之间。

减压塔是在负压条件下操作的，如果塔底液位高度不够，停运的塔底泵启动时就无法灌泵投入操作，为了提供足够的灌注压头，塔底液位与泵进口之间的位差一般在7～10m之间。

11. 正常生产操作中分馏塔板结盐垢堵塔时会出现什么现象？如何不停机将盐洗掉？

原油中含的盐类（主要是氯化物）经过电脱盐装置处理，仍有少量残存盐进入分馏塔内。为防止氯盐水解对设备进行腐蚀，采用注碱注氨的工艺防腐蚀措施。原油中注入过量碱（Na_2CO_3，NaOH），可形成碱垢，沉积在塔底板上。塔顶注氨以后生成铵盐，随塔顶回流油返回塔内，可沉积在降液管中。原油中的含氯化合物，在高温下分解，生成铵盐。原油中混入泥沙杂物，也可沉积在分馏塔板上。鉴于上述原因生产操作中原油分馏塔板，容易出现结盐垢、堵塔的情况。

分馏塔板结盐垢堵塞塔板会有下列现象发生：

（1）结盐垢实际使塔板开孔率降低，油品气液相传质传热作用变差，塔顶温度侧线馏出温度易出现规律性波动，用回流量调节塔顶温度作用迟缓，塔顶压力波动，由于气相负荷分布不均，塔顶压力经常发生突然变化。

（2）塔的分馏效果变差，各侧线油质量变重，馏程重迭，产品油不合格。严重时出黑油。

（3）分馏塔板压降增大。通过测定压降增大的位置，可以判断分馏塔板结盐的大体位置。

分馏塔板结盐堵塞塔板时，可以不停机进行，正常处理。

塔板上结的盐垢，一般都溶于水，所以正常生产中，可以采用塔顶回流泵抽新鲜水的方法将盐溶于水后洗掉。新鲜水进入塔内，盐即溶于水中，含盐的水，可经某一侧线馏出口。进入该侧线，从泵出口或送至不合格油管线抽出。

水洗塔板时应注意下列问题：

（1）确定塔内结盐部位。

（2）降低原油处理量为正常处理量60%～80%。

（3）提高中段同流流量及塔顶回流流量，将塔顶温度降低，使顶回流量调节温度不起作用，用顶回流泵抽水往塔内打水时塔顶温度一定要降低至100℃，防止水汽化使塔顶压力超高，水流量不得过大，将温度压得过低，水向下流动到没结盐的塔板上，对操作影响过大。

（4）水进入塔顶以后，在侧线泵排污水放空口放样观察洗塔板来水情况，用塔顶泵给水量大小严格控制侧线馏出口温度在103～105℃。温度过高，水汽化，就会排不出水洗不掉盐；温度过低，水向下流到抽出口以下的塔板上，就会污染其他塔板。

（5）侧线泵放空口放样时，见到水即开始分析水样中Cl^-含量，直到水样中Cl^-不再明显降低，排水清洁，水洗塔板才能结束。

（6）水洗塔板完成后，可以恢复正常操作，将水缓慢停止并逐步扩大回流流量，使塔内温度逐渐上升，但升温速度不要过快。然后，将其他操作条件逐渐按正常工艺指标控制，恢复正常生产。

12. 怎样开停间接冷却式蒸汽喷射器？如何进行减压塔气密试验？

启动蒸汽喷射器前要先对减压塔顶各级水封罐加水，保持水封作用，给冷凝冷却器、一级冷却器、二级冷却器通上冷却水，冷却器是空气冷却器的可开风机，末级冷却器排空阀门应打开，待蒸汽喷射器启动后将减压系统的空气不凝气排出。设有增压喷射器的暂时不开，将其副线阀门打开，全空冷系统第三级空冷和塔顶水封罐放空管线保持畅通，所有阀门要打开。

为使真空度逐渐升高先开二级或三级喷射器蒸汽阀门，使塔内真空度达到80kPa(600mmHg)以上，后开一级喷射器蒸汽阀门，使塔内真空度达到93kPa(700mmHg)左右。有增压喷射器的再开增压器蒸汽，增压喷射器工作正常时逐渐关闭副线阀门。

停用蒸汽喷射器时，先打开增压喷射器副线阀门，关闭增压器蒸汽阀门，后逐渐关闭一级喷射器蒸汽阀门，依次关闭二级三级喷射器蒸汽阀门。

进行减压系统气密试验时，减压系统，必须先经蒸汽试压，符合要求后方可进行。

一切按开蒸汽喷射器要求做好准备工作，减压塔要关闭各侧线馏出口抽出阀门，中段回流返塔阀门，气提蒸汽进塔阀门，塔底油抽出阀门和减压炉油进塔阀门，开始抽真空，当减压塔真空度达到96kPa(720mmHg)时，关闭末级放空阀门，关闭蒸汽喷射器蒸汽阀门，注意关闭水封罐顶放空阀门，进行气密试验24h，真空度下降 $<0.2\sim0.5$kPa/h，($2\sim4$mmHg/h)为气密试验合格。

13. 影响真空度下降有哪些原因?

减压塔操作中，维持真空度的稳定，对塔平稳操作、产品质量合格、产品收率均起着决定性作用。真空度下降时，仪表真空度指示下降，塔底液位升高，有可能发生中段回流泵抽空，侧线气提塔液位下降，侧线泵抽空等现象。影响真空度下降的主要原因有：

（1）蒸汽喷射器使用的蒸汽压力不足，影响喷射器的抽力，这是常见的影响真空度下降的主要原因之一。应及时调整蒸汽压力，通常蒸汽压力为0.8～1.1MPa，节能型喷射器是使用低压蒸汽抽真空的，也要稳定压力。

（2）塔顶冷凝器和各级冷凝冷却器冷却水温度高或水压低，造成各级喷射器入口压力升高会使真空度下降；设置空冷器的各级冷凝冷却器，在外界气温升高或空冷风机电气系统跳闸时，都会引起各级喷射器入口压力升高使真空度下降。应设法降低水温，提高水压，提高冷却效果。也可以采用工业风定期吹扫，防止水结垢，提高冷却效率，降低各级喷射器入口压力。

（3）减压塔顶温度控制过高，使气相负荷增大，进入冷凝冷却器油气量增加，增大了冷凝冷却器负荷，冷后温度升高，使真空度下降。处理时，可增大中段回流或顶循环回流流量，尽量降低塔顶温度。

（4）减压炉油出口温度升高或减压塔进料组成变化，轻组分油过多，使气化量及塔顶气相负荷增加，塔顶冷凝冷却器因负荷太大冷不下来或冷后温度升高，使真空度下降。应检查引起减压炉油出口油温度变化的原因，使温度稳定在操作指标范围内，检查常压系统操作条件下产品质量控制是否有异常，防止过多轻组分油带到减压系统。

（5）塔底气提蒸气量过大或有炉管注气及气提塔气提量过大，吹气量大虽然有利于重质馏分油气化，有利提高拔出率，但由于水蒸气量增大，增加了塔顶冷凝冷却器负荷，使冷却后温度上升，增大喷射器入口气相负荷，影响真空度提高。因此，对塔内吹入的蒸汽量应控制一定不能过大。

（6）减压塔底液位过高，进塔物料大于出塔物料时会使真空度下降，在塔底液面控制失灵时会出现此现象，应迅速降低塔底液位。

（7）减顶油水分离罐油装满，塔顶不凝气管线堵塞不畅通，会造成喷射器背压升高，使真空度下降。处理时应检查油水分离罐中油液位应在正常位上，不凝气放空或去加热炉低压瓦斯管线畅通。

（8）蒸汽喷射器本身故障，如喷嘴堵塞、脱落，影响正常工作。应与减压系统隔断或停工检查。

（9）减顶油水分离罐水封破坏，或减压系统设备管线有泄漏，使空气进入减压系统，使喷射器入口增大了空气量，增大了喷射器的负荷，可使真空度下降。在开工试压或气密试验时应做好设备密封检查，防止出现空气漏进减压系统。

14. 减压塔真空度高低对操作条件有何影响？

减压塔的正常平稳操作，必须在稳定的真空度下进行，真空度的高低对全塔气液相负荷大小，平稳操作影响很大。

在减压炉出口油温度、进料油流量、塔底气提吹气流量及回流量均不变的条件下，如果真空度降低，就改变了塔内油品压力与温度平衡关系，提高了油品的饱和蒸气压。相应油品分压增高，使油品沸点升高，从而降低了进料的气化率，会使收率降低。在操作上，由于气化率下降塔内回流减少，会使各馏出口温度上升。因此，在把握馏出口操作条件时，真空度变化除应调节好产品收率，也要相应调节好馏出口温度，当真空度高时馏出口温度可适当调低。真空度低时馏出口温度要适当提高。

15. 湿式减压操作与干式减压操作有什么不同？正常生产情况下如何实现互相转换？

湿式减压操作即塔底吹入过热蒸汽，减压炉对流转辐射炉管或出口炉管处也设有注入蒸汽的减压蒸馏称湿式，对减压系统任何部位不注蒸汽的称干式减压蒸馏。

干式减压蒸馏大都由原湿式减压蒸馏改造建成，还保留有可实现湿式操作的措施，有时因干式减压操作遇到一些麻烦，产品质量不够理想，为改善产品质量，降低真空度，向塔内吹入一定量蒸汽，成为干式减压操作向湿式减压操作转变，（吹入的蒸汽量较原湿式小），停止吹入蒸汽，即恢复干式减压操作，成为湿式减压操作向干式减压操作转变，原湿式减压蒸馏没有进行干式减压蒸馏技术改造的装置，或新设计建成的干式减压蒸馏，由于装置没设置湿式措施，就不能进行两种操作的转换。

湿式转向干式操作时应做到：

（1）减压炉出口油温度按 20℃/h 速度降至干式操作指标内。

（2）关闭减压炉炉管注汽。

（3）启用减压塔顶增压喷射器，工作正常后关闭增压器副线阀门。

（4）逐渐关闭减压塔底吹汽阀门，调整好操作。

干式转向湿式操作时应做到：

（1）向减压炉管注汽，注汽前一定放净蒸汽冷凝水。

（2）向减压塔底吹入适当蒸汽。

（3）停用减压塔顶增压喷射器，将其副线阀门打开。

（4）减压炉出口温度逐渐升高至湿式操作指标，调整好操作。

16. 如何判断减压系统有泄漏？

由于减压塔内压泄漏，看不见有漏力低于大气压。因此，减压系统有泄漏难以发现。一旦设备或工艺管线有油痕迹，空气被吸入塔内，漏入的少量空气一般不会对减压系统产生影响。但大量漏空气时，会使真空度降低，应认真仔细查找泄漏点。

一般泄漏点很小时，听不到空气通过泄漏点振动尖叫声。但当泄漏处增大时可以听到大量空气通过泄漏处高速流通振动噪声。因此，通过泄漏点空气流通噪声可以判断寻找泄漏处。

还可以通过减顶瓦斯气体分析数据推断是否有泄漏。正常情况下，减顶瓦斯气体中 N_2 含量较低，各装置情况不一，有所差异，大约在3%～5%，有时会更高，达到10%（体）以上。当减压系统有泄漏时，例如转油线处有一长约10mm，宽约1～5mm泄漏孔，漏进许多空气，能听到刺耳的尖叫声，分析减顶瓦斯气体中 N_2 含量明显增高，达到35%～36%（体）。漏处填好，减顶瓦斯气体中 N_2 含量才能恢复正常。

17. 干式减压塔回流油喷嘴头堵塞有何现象？如何处理？

干式减压塔填料上方有回流油或洗涤油，为使填料均匀地工作要求获得均匀的喷淋密度，因此要求回流油或洗涤油入塔喷嘴头工作正常，才能保证液相油品分布均匀，使填料正常工作。

当回流油或洗涤油喷嘴头有堵塞现象时，回流油或洗涤油入塔压力升高，回流油或洗涤油流量逐渐降低，并提不起量来，侧线馏出温度升高，产品质量变重颜色不好。

造成喷嘴头堵塞的原因主要是过滤器因焦粉沉积过滤

网，使油通过受阻，细焦粉长时间沉积于喷头或喷头分配器内温度较高沉积结焦堵塞。

18. 抽真空系统包括哪些设备？各自起什么作用？

减压蒸馏塔顶抽真空系统包括塔顶冷凝器、蒸汽喷射器、中间冷凝器、后冷凝器、受液罐等设备和相应的连接管线。

抽真空系统的作用是把减压蒸馏塔顶流出物料中可冷凝组分冷凝为液体，加以回收，把常温常压下不可冷凝的气体组分从塔顶压力升高到略大于大气压力后排入大气或引至加热炉火嘴，从而稳定地保持工艺要求的塔顶真空度。

湿式减压蒸馏塔顶流出物由不可凝气体(裂解产生的小分子烃和漏入的空气)、减顶油和水蒸气组成。它们首先在减顶冷凝器中被冷却，冷却终温随冷凝器结构形式和冷媒的温度而变，通常小于 35℃，在此大部分水蒸气和减顶油气被冷凝为液体，由大气腿流入受液罐。未凝的水蒸气和减顶油气以及不可凝气体被蒸汽喷射器组抽吸并升压，因此减顶冷凝器的作用是减小蒸汽喷射器的吸气量，降低吸气温度。

蒸汽喷射器组一般由一级蒸汽喷射器、中间冷凝器和二级蒸汽喷射器组成。它的作用是把被抽吸各组分的压力提高到略大于大气压力，并把抽吸的可凝组分和一级蒸汽喷射器的工作蒸汽在级间压力下冷凝为液体，由大气腿流入受液罐。

第二级蒸汽喷射器的排出物压力已大于大气压力，但若直接排入大气，可污染装置环境，所以要设立后冷凝器，把占排出物绝大部分的水蒸气冷凝为液体，由大气腿流入受液罐。未凝组分基本上是减压蒸馏塔顶排出的不可凝组分，内含有毒气体硫化氢，应引入加热炉燃烧。

当每个冷凝器排出的液体流入受液罐后，在此进行油、水分离。分出的油即为减顶油，可作为重柴油组分，用泵送到工厂罐区，分出的水为含油含硫污水由下水道排至全厂污水处理场。

19. 蒸汽喷射抽空器的工作原理是什么？有哪几种结构形式？

蒸汽喷射抽空器工作原理是：工作蒸汽通过喷嘴形成高速度，使蒸汽压力能转变为速度能，与吸入的气体在混合室混合后进入扩压室。在扩压室中，速度逐渐降低，速度能又转变为压力能，从而使抽空器排出的混合气体压力显著高于吸入室的压力。

每一级喷射器所能达到的压缩比，即排出压力(绝压)与吸入压力(绝压)之比，具有一定的操作限度。如果需要的压缩比较大，为单级喷射器不能达到时，则可采用两级或多级喷射器串联操作，串联的多级喷射器和级间冷凝器组成蒸汽喷射抽空器组。单级喷射器的压缩比通常不大于8。对湿式减压蒸馏塔顶压力不小于2.67kPa(绝)(20mmHg)的一般工况，大多采用两级喷射器和一级冷凝器组成的喷射抽空器组。

喷射器的最适宜工作介质为水蒸气，因为它提供的能量大而且可以在级间冷凝器中冷凝为水被排走，不会增加后一级喷射器的吸气量。工作蒸汽的压力随工厂系统的条件而异，一般采用0.748～1.079MPa(绝)，国内炼厂实际使用的最低工作蒸汽压力为0.392MPa(绝)。工作蒸汽的温度应超过相应压力下的蒸汽饱和温度30℃，并要在工作蒸汽管线上靠近喷射抽空器设置蒸汽分水器，确保进入喷嘴的蒸汽不携带水滴，以避免湿蒸汽在高速下对喷射抽空器严重侵蚀。

喷射器的结构型式根据喷嘴数量可分为单喷嘴型和多喷嘴型两种。20 世纪 70 年代以前，250 万 t/a 原油蒸馏装置的第一级蒸汽喷射器采用 7 个喷嘴，每个喷嘴的喉部直径 7. 1mm。由于采用多喷嘴，每个喷嘴的尺寸较小，加工比较容易，但整体组装比较严格，往往由于组装精度未达到设计要求而影响效率。此外，由于每个喷嘴的喉部直径较小，很容易被蒸汽管道中的杂物堵塞而失去抽真空的作用。与此相反，单喷嘴型的蒸汽喷射器，虽然喷嘴的长度较大，加工比较困难，但组装比较方便，效率比较高，而且由于喉部直径较大，不容易被杂物堵塞。因此，除非喷嘴的尺寸过大，一般宜采用单喷嘴型。从 80 年代起，我国新建和改造的装置，多采用单喷嘴型蒸汽喷射器。

20. 影响不凝气量的因素有哪些?

蒸汽喷射器的抽气量，在吸入温度相同条件下，随不凝气量成正比例增加。所以减少不凝气量是减少抽气量、提高真空度的重要措施。影响不凝气量的因素有：

（1）减压炉温度

减压炉温度愈高，油品的裂解程度愈大，裂解产生的小分子烃量愈大，以加工大庆油为例，在炉管注汽量和减压炉进料量相同的情况下，炉出口温度从 403. 5℃ 上升至 410. 5℃时，裂解气量增加约 6. 0%（重）。因此，要努力降低炉温。此外，还要减少油品在炉内的停留时间，办法是适当提高炉管注汽量。也以加工大庆原油为例，在炉出口温度相同的情况下，减压进料量增加 32%，炉管注汽量增加 70%，但裂解气量仅增加 8. 3%（重）。这说明在现有装置上，裂解气量不随加工量成正比的增加，这是由于缩短了停留时间，减小了裂解程度的缘故。因此，尤其在装置处理量较小时，应适当增加炉管注汽量。

(2)漏入空气量

现有装置运行中的漏入空气量基本上是个不变的值，它的量很小。某厂250万t/a原油蒸馏装置减压系统的漏入空气量实测值约11kg/h，远小于过去沿用的工业密封真空系统最大空气泄漏量图表的估算值。因为只要减压系统设备和管线的密封状况良好，漏入空气量就很小、又基本不变，所以对塔顶真空度的影响不大。

(3) 减压渣油的温度及其在减压塔底的停留时间

高温减压渣油在减压塔底的停留时间过长，可能出现裂解，生成小分子量的裂解气，上升至塔顶成为抽真空系统的不凝气。因此，要防止渣油温度过高，停留时间过长。渣油温度主要决定于炉出口温度，但也受汽提蒸汽温度的影响。汽提蒸汽的温度不宜高于420℃，否则会促进渣油的裂解。渣油在塔底的停留时间应控制在1min以内，以减少裂解和结焦。以往，有的炼油厂把一股冷渣油循环回塔底。把罐底温度降至350℃以下，这样做虽有助于减少裂解结焦，但降低了渣油的温位，不利于渣油热量的利用，所以现在已较少使用。

21. 提高真空度的关键是什么?

提高真空度的关键是在保持工作蒸气压力稳定的前提下，努力降低塔顶冷凝器出口温度，即喷射器的吸入温度，以减少吸气量。

前面已经讲过，吸入气体由不凝气、减顶油气和水蒸气三者组成。当减压进料量和减压炉温稳定时，不凝气量基本不变。减顶油气量和水蒸气量随各自的饱和蒸气压成正比例变化，也就随吸入温度成对数关系变化。根据道尔顿分压定律，吸入压力等于不凝气、减顶油气和水蒸气三者的分压之和。所以吸入压力必然大于水蒸气分压，即大于吸入温度下的饱和水蒸气压。在不凝气量和减顶油气量比例很小的假想条件下，极限最低吸入压力为吸入温度下的饱和水蒸气压。

$$P = P_N + P_0 + P_W \quad 其中 \quad P_0 = P_o^0 \quad P_W = P_W^0$$

式中 P——吸入压力；

P_N——不凝气分压；

P_0——减顶油气分压；

P_W——水蒸气分压；

P_o^0，P_W^0——减顶油和水在吸入温度下的饱和蒸气压。

冷凝器出口温度与喷射器能达到的吸入压力的关系见表3。

表3 冷凝器出口温度与喷射器所能达到的吸及压力

冷凝器出口温度/℃	20	25	30	35	40
喷射器入口能/Pa 达到的压力/(mmHg)	3336 (25)	4270 (32)	5337 (40)	6938 (52)	8673～9340 (65～70)

这就是减压塔真空度冬天高，夏天低的原因。我国华中、华南一些炼油厂塔顶冷凝器用循环水冷却，夏天水温33～34℃，蒸汽喷射器吸入温度接近40℃，塔顶压力约10674Pa(80 mmHg)，这不是因为喷射器效率不高造成的。

在湿式减压蒸馏工况下，喷射器的吸入真空度受到塔顶冷凝器冷后温度的限制。要提高真空度，最关键的是要降低冷凝器冷后温度。

22. 为什么干式蒸馏要用增压器，湿式蒸馏不用增压器？

干式减压蒸馏塔的塔顶压力一般要求小于1601 Pa(12

mmHg)(绝)。塔顶流出物由不凝气和减顶油气组成，没有水蒸气。当吸入压力小于2668 Pa(20 mmHg)时，应采用三级喷射器，而常规湿式减压蒸馏的现有装置上大多只有两级喷射器，达不到所要求的真空度。为此，在湿式改为干式时，塔顶在冷凝器前加设增压器。所谓增压器，原理与蒸汽喷射器相同，其作用是它把塔顶流出物的压力提高到在常规冷媒(如循环冷却水或空气)所能达到的冷却温度下，塔顶流出物和增压器的工作蒸汽能够被冷凝为液体的压力。通常增压器的压缩比为6~8。采用增压器后塔顶压力不再受塔顶冷凝器冷凝温度的限制，能达到干式蒸馏的要求。

干式减压蒸馏的原理是通过增加蒸汽喷射器的级数并改造减压塔内件，使减压塔进料段的总压小于常规湿式减压蒸馏条件下的烃分压，从而取消炉管注汽和塔底的汽提蒸汽，实现干式操作。只有在减压塔压力降值较小、取消的炉管注汽和塔底汽提蒸汽量大于增高的增压器所需要的工作蒸汽量时，干式操作在经济上才是合理的。

如果减压塔压力降值较大，即使采用增压器把塔顶压力降低了，但减压塔进料段的压力未降到小于常规湿式减压蒸馏条件下的烃分压，则仍需在塔底注入汽提蒸汽维持湿式蒸馏操作。此时注入减压塔的汽提蒸汽全部从塔顶流出，成为增压器的吸入气体，大大增加了增压器的负荷。因此，要相应地加大增压器的工作蒸汽量和增压器尺寸。这种情况下，增压器的工作蒸汽量必然大于减压塔底汽提蒸汽量的减少值，使减压蒸馏系统总的蒸汽用量增加，但又不能提高减压拔出率和提高分馏效率，因此是不合理的，这就是湿式减压蒸馏不用增压器的原因。

23. 减压塔顶冷凝器有哪几种形式？它们都有什么优缺点？

减压塔顶冷凝器、级间冷凝器和后冷凝器有三种类型可供选用，一为直接水冷凝器；二为管壳式水冷凝器；三为增湿空气冷却器；三者的优缺点比较如下：

直冷式的优点是冷却水与塔顶气体直接接触，冷后气体温度(即喷射器的吸及温度)与冷却水入口温度的差值最小。在冷却水温度相同的情况下，它所能达到的真空度略高于管壳式，而且冷后气体温度稳定，因而真空度稳定。此外，直接水冷凝器的设备尺寸小，可以挂在减压塔体上，不用安装框架，占地面积小。直冷式的缺点是冷却水全部变为含油污水排至含油污水系统，或需单独建设这一种水的循环水冷却系统，因此污水处理量大。如果把污水处理设施所需的投资计算在内，则其投资和占地面积都比管壳式大得多，基于上述缺点，新建炼厂从20世纪60年代起已不采用直冷式，而且老厂也陆续将直冷式改造为管壳式或增湿空冷器。

管壳式的优点是冷却水与塔顶气体间接传热，冷却水不受油品污染。因此，它的投资、操作费用和占地面积比直冷式冷凝器(加上污水处理设施)小得多。管壳式的缺点是冷凝效果受水质的影响大，水质差，水压不足，使水的流速过小(小于1m/h)时，积垢快，传热速率迅速下降。因此，常常出现在装置检修后开工初期，塔顶真空度较高，然后随时间的推移，真空度逐渐下降的现象。此外，我国南方的一些炼厂夏季的循环冷却水温度高达34～35℃，使塔顶冷凝器的冷后温度高达40℃，所以塔顶压力约为9340～10674Pa(70～80 mmHg)(绝)，减压蒸馏拔出率较低。为了克服这些缺点，有的炼厂增设减顶冷凝器冷却水的升压泵，以保持水压，加大流速，并在冷凝器管程水侧设立反冲洗的管线，同时加注防垢剂，以减缓积垢。

湿式空气冷却器不但具有管壳式水冷凝器的优点，而且由于不用循环冷却水，所以不存在管壳式的上述缺点。以上海炼油厂1号蒸馏装置(250万吨/年)为例，把管壳式改造为湿式空冷以后，装置能耗下降14MJ/t原油，全年装置操作费节约30.7万元，而且夏季的塔顶真空度提高约1334 Pa (10mHg)。湿式空冷器的缺点是(1)占地面积较大，在老装置改造时往往成为限制因素。(2)在室外气温低于－10℃时，易发生管内冻结，管子破裂的故障，影响真空度的稳定。在长江流域以南采用湿式空冷器可不加设防冻设施，但在北方，尤其在东北地区，宜采用热风循环结构，以防止管子冻裂，确保真空稳定。

24. 抽真空系统设备和管线的安装应注意些什么？

(1) 蒸汽喷射器宜垂直放置，吸入室在上，扩压器在下。如果喷射器尺寸过长，或受高度限制不能垂直放置时，也可以水平放置，但吸入口必须向下，以避免吸入室积存冷凝液。

(2) 冷凝器的设置高度应使冷凝液出口法兰与受液罐最高液面之间的高度差大于冷凝器内压力与当地大气压力差值所相当的水柱高度约1m。如果冷凝器凝液排出管线(俗称“大气腿”)在布置中出现水平管段时，则此水平管段与受液罐最高液面之间的高度差也应大于冷凝器内压力与当地大气压力差值所相当的水柱高度加1m。

(3) 同一级多台冷凝器和喷射器并联操作时应避免吸入气体物流逆向撞击，损失能量，降低真空度。

(4) 为防止喷射器喷嘴被杂物堵塞或被蒸汽凝结水冲蚀，当喷嘴喉部直径小于10mm时，应在工作蒸汽管线上靠近喷射器安装 Y 型过滤器，在开工初期经常打开检查，并且要安装蒸分水器，分出冷凝水。

（5）后冷凝器排出的不凝气体中含有排出温度下的饱和水蒸气，它在排放管线中会进一步冷凝为水，不凝气体无论直接排大气或引至加热炉抽气火嘴，如果排入管线的布置出现“液袋”，冷凝水在液袋中逐渐积累，会使排气管道渐渐减小，以致安全阀被堵死，造成喷射抽空器组的背压渐渐升高，当背压超过最后一级喷射器极限反压强时，将破坏喷射器的抽真空性能。所以，不凝气的排放管线布置应严格避免出现“液袋”，并应有排凝设施。

25. 低压蒸汽喷射抽空器在什么条件下使用可以节能？

采用装置自产的 0.294MPa(表) 低压蒸汽作为工作蒸汽的喷射器叫低压蒸汽喷射抽空器。

炼油厂大多数喷射器的工作蒸汽设计压力约为 0.883MPa(表)。低压蒸汽喷射器与这种常规的喷射器相比较，由于工作蒸汽压力从 0.883MPa(表) 降低到 0.294MPa(表)，在抽气量和真空度相同的条件下，工作蒸汽量要增加约25% ~30%，因而级间冷凝器和后冷凝器的冷却水量也要增加25% ~30%。因此，从抽真空系统本身来看，不是节能而是多耗能了。

但是，0.883MPa(表) 工作蒸汽的总管压力应达到 0.932MPa(表)，它的饱和温度 181℃，常减压 160℃ 比较多，不少炼油厂的自产低压节省量往往过剩，甚至出现在夏季放空的浪费现象，当把这种低压蒸汽用于喷射器时，则起到了废热利用的功效，从这个意义上看是节能的。蒸馏装置内能发生这种压力等级蒸汽的过剩热量（温位大于 200℃）比较少，往往不能自给，因此需由炼厂热力系统供给，占用炼厂锅炉容量。与之相反，0.294MPa(表)工作蒸汽的总管压力要求为0.343MPa(表)，它的饱和温度147℃，炼油厂内能用来发生这种压力蒸汽的过剩热量(温度大于160℃)比较多，不少炼油厂的自产低压节省量往往过剩，甚至出现在夏季放空的浪费现象，当把这种低压蒸汽用于喷射器时，则起到了废热利用的功效，从这个意义上看是节能的。

如果哪个炼厂不是这种情况，而是低压蒸汽量不足，则切不可把0.883MPa(表)级的蒸汽降压使用，因为这会适得其反，多耗蒸汽，多耗冷却水。

上海炼油厂两套蒸馏装置从1984年起就采用了低压蒸汽喷射抽空器，自产0.343MPa(表)蒸汽用热油过热至约180℃使用，减压塔真空度不变，取消了由全厂锅炉特供的约3t/h 0.98MPa的蒸汽，取得了良好的节能效果。随后大庆炼油厂1号蒸馏装置和林源炼油厂蒸馏装置也采用低压蒸汽喷射抽空器，达到了预期的节能目的。

采用自产低压蒸汽时要注意：饱和的低压蒸汽必须先用热油过热至约180℃再引至喷射器。否则饱和蒸汽易冷凝成水降低喷射器效率。但是过热度不能太大，切不可利用加热炉对流炉管来过热蒸汽，因为这会使过热度无法控制。过热度太大，使蒸汽的密度太小，也会使喷射效率下降。

26. 什么叫极限反压强，它取决于哪些因素?

所谓极限反压强就是抽空器的最大排气压强。极限反压强曲线就是抽空器的最大排气压强与抽气量的关系曲线。极限反压强是抽空器的一个很重要的参数。实际运转中决不允许任何一级抽空器实际出口压强高于它的极限反压强，否则会使该级抽空器工作不稳定，甚至产生倒流现象，并将导致前级抽空器直至第一级抽空器过载，从而破坏整个真空系统的形成。极限反压是抽空器的结构参数和吸入负荷的函数，结构尺寸一定，此曲线便固定，它几乎是个水平直线。主要影响极限反压强的结构尺寸有两个。

第一是“自由射流长度”，即喷嘴出口面距扩压器入口面长度的尺寸。伸入者为负值，退出者为正值。一般来说，自由射流长度加长，真空度略有提高，极限反压强则降低，反之亦然。自由射流长度有最佳值。不论喷嘴渐扩角和扩压器的渐缩角如何变化，只要从喷嘴出来的蒸汽射流与扩压器渐缩管相交断面的直径 d_s 是在扩压器喉部直径 D 的 1.36～1.40 倍之间，就可保证泵的性能符合设计要求。过去，这个设计参数掌握不好，把喷嘴的位置设计成可调，为的就是在实际使用中调节自由射流长度，以取得真空度与极限反压强的适宜相配。第二是“f_3/f_0”，即扩压器喉部断面积与喷嘴喉部断面积的比值。不论 f_3 和 f_0 本身数值如何，只要比值相等，则对极限反压强表现出基本相同的影响。简化的极限反压强计算公式是

$$P_{极限} = \frac{f_0}{f_3}P_s(1+\mu)$$

式中　P_s——工作蒸汽压力，kPa(绝)；

$P_{极限}$——极限反压强，kPa(绝)；

f_0/f_3——喉面比的倒数；

μ——喷射系数。

对于末级抽空器，μ 值非常小，可忽略不计，所以

$$P_{极限} = P_s/喉面比$$

由上式可见，对于各厂抽空器，喉面比已经确定，极限反压强将随着工作蒸汽压力的增加而提高。反之，在抽空器背压已定的情况下，可以算出允许的工作蒸汽压力的最

小值。

27. 常减压装置腐蚀机理是什么？

原油中的氯化物和硫化物在原油被蒸馏过程中受热分解或水解，产生氯化氢和硫化氢，还有有机酸等腐蚀介质，使设备及管线造成腐蚀。

氯化物主要是氯化钠($NaCl$)、氯化钙($CaCl_2$)、氯化镁($MgCl_2$)、$CaCl_2$ 和 $MgCl_2$。在加热至 120℃ 时即开始水解，随温的升高，水解率也提高，在常压炉出口 360℃ 左右情况下，$MgCl_2$ 有近 90%，$CaCl_2$ 近 16% 水解。

$$MgCl_2 + 2H_2O \rightleftharpoons Mg(OH)_2 + 2HCl$$

$$CaCl_2 + 2H_2O \rightleftharpoons Ca(OH)_2 + 2HCl$$

水解产生的 HCl 在分馏塔顶冷凝冷却系统最初冷凝出现冷凝水时，吸收 HCl 生成较浓的盐酸，对金属造成严重腐蚀。

$$Fe + 2HCl \longrightarrow FeCl_2 + H_2$$

HCl 还能与金属表面上具有保护作用的硫化铁起反应。即

$$FeS + 2HCl \longrightarrow FeC1_2 + H_2S$$

反应生成溶于水的氯化亚铁，使金属失去保护膜，同时放出具有腐蚀作用的 H_2S，使金属再次受到 H_2S 的腐蚀。H_2S 对低温硫腐蚀具有强烈的促进作用，加快腐蚀速度。

$$Fe + H_2S \longrightarrow FeS + H_2$$

HCl 在有水的条件下，还会对金属产生应力腐蚀开裂，特别是对奥氏体不锈钢。

环烷酸为石油中有机酸的总称，在高温下与金属生成环烷酸盐，其腐蚀部位多在加热炉管、转油线和分馏塔侧线、塔底等部位。

石油中的硫化物，硫化氢、硫醇、元素硫等为活性硫；硫醚、二硫和多硫化物等为中性硫化物，在高温下，转化生成硫化氢和硫醇，对金属造成腐蚀。

28. 如何进行工艺防腐？

（1）脱盐

对原油进行脱盐，是一项根本的防腐措施。原油中含盐量与设备的腐蚀率成正比，存在以下关系，见表4。

表4　含盐量与腐蚀率

原油含盐量/(mg/L)	腐蚀率/(mm/a)	原油含盐量/(mg/L)	腐蚀率/(mm/a)
428	7.19	14.8	0.46
142	1.07	5.1	0.08
74	0.58		

从表四的数据可看到含盐如减少到原来的1%，则年腐蚀率也随之降为原来的1%。因此，原油中含盐是造成腐蚀的根本原因。为了防止设备及管线的腐蚀，首先必须从原油中脱除其所含的盐类。为更好地进行脱盐，国外对进炼油厂的原油作了一定的限制，美国，西欧规定≯50mg/L，日本从中东进口的原油规定10～24mg/L，苏联规定40mg/L。

（2）注氨

在分馏塔顶馏出线上注氨，是低温部位防腐的有效措施。注氨中和HCl、H_2S，调整冷凝冷却系统的pH值，注氨与缓蚀剂配合，发挥缓蚀剂的作用。氨的注入量应保证中和全部HCl和20%～30%的H_2S，控制塔顶冷凝水pH值为6～7，注入位置在塔顶馏出线上，注在缓蚀剂前。

（3）注缓蚀剂

缓蚀剂在其分子内带有极性基因，能吸附在金属表面上形成保护膜，使腐蚀介质不能与金属表面接触，因此具有保护作用。pH 值低（$<2\sim3$），温度高（$>230^\circ C$）会使缓蚀剂失效。因此，要求在注缓蚀剂前先注氨，控制其 pH 值，在塔顶低温部位使用，流体线速过高也会防碍保护膜的形成。缓蚀剂的注入量一般在 10～20ppm。

（4）注水

注水可以使露点前移，保护设备。另外，由于注氨生成 NH_4Cl，NH_4Cl 为固相沉积在塔顶冷凝冷却设备中，造成积垢堵塞，注水可以溶解洗涤 NH_4Cl。

$$NH_3 + HCl = NH_4Cl$$

在脱盐后原油中注碱（注入氢氧化钠或碳酸钠的水溶液）也是工艺防腐的措施之一，它的作用是把原油中残存的氯化镁和氯化钙转化为不易水解的氯化钠，从而减少 HCl 的生成量，并中和水解后生成的 HCl 和原油中的 H_2S 和环烷酸以减轻腐蚀。但是，对于向重油催化等装置提供原料的蒸馏装置，由于后续装置对原料的 Na^+ 含量有特殊的要求（例重油催化原料的 Na^+ 含量通常不大于 1ppm），故不采用注碱。

29. 原油注碱有什么作用？

原油中含有氯化钠、氯化镁、氯化钙等盐类，经电脱盐后除去 90% 以上，但仍在原油中残留一部分。其中氯化钠在低温时不水解，而氯化镁和氯化钙在 120℃时水解率显著增加，又以氯化镁水解为高。

$$MgCl_2 + 2H_2O \longrightarrow Mg(OH)_2 + 2HCl$$

$$CaCl_2 + 2H_2O \longrightarrow Ca(OH)_2 + 2HCl$$

同时，含硫原油在加热过程中有硫化氢生成，在冷凝水出现后，形成 $HCl—H_2S—H_2O$ 强腐蚀性介质。硫化氢和氯化氢相互促进，构成循环腐蚀。

$$Fe + 2HCl \longrightarrow FeCl_2 + H_2$$

$$FeCl_2 + H_2S \longrightarrow FeS + HCl$$

$$Fe + H_2S \longrightarrow FeS + H_2$$

$$FeS + 2HCl \longrightarrow FeCl_2 + H_2S$$

在露点部位尤为严重，因最初的凝结水量少而酸浓度高。

在采用注碱措施后，氯化镁和氯化钙转变成不易水解的氯化钠。

$$MgCl_2 + 2NaOH \longrightarrow 2NaCl + Mg(OH)_2$$

$$CaCl_2 + 2NaOH \longrightarrow 2NaCl + Ca(OH)_2$$

或者

$$MgCl_2 + Na_2CO_3 \longrightarrow 2NaCl + MgCO_3$$

$$CaCl_2 + Na_2CO_3 \longrightarrow 2NaCl + CaCO_3$$

因此，注碱可以有效地减轻腐蚀。对于为后续装置提供原料的常减压蒸馏装置，当后续装置对 Na^+ 含量有限制性要求时，可考虑少注或不注碱。

30. 注缓蚀剂有什么作用？

采取了脱盐、注碱、注氨、注水措施后，塔顶系统腐蚀基本被控制，但还需注缓蚀剂作补充保护，可更有效地控制 $HCl—H_2S—H_2O$ 介质腐蚀。

采取上述措施后也不能将 HCl 在水冷凝前全部中和，况且还有 H_2S 存在，所以在冷凝区仍有局部酸腐蚀。同时由于氯化铵溶液存在，氯离子会破坏金属表面保护膜，加重腐蚀。当注入缓蚀剂后，由于缓蚀剂具有表面活性，吸附于金属表面形成一层抗水性保护膜，遮蔽金属同腐蚀介质的接触，使金属免受腐蚀。另外，缓蚀剂的表面活性作用能减少沉积物与金属表面的结合力，使沉积物疏松，因而为清洗带来了方便。

使用缓蚀剂要注意控制好塔顶冷凝水的 pH 值，缓蚀剂的用量要充足。

31. 注氨有什么作用?

原油经脱盐、注碱后，显著降低了氯化氢的生成量，但残留的氯化氢(约 5% ~10%)仍会造成冷凝区较为严重的腐蚀。因此，需在塔顶挥发线注氨，以中和水冷凝之前的氯化氢。

$$NH_4OH + HCl \longrightarrow NH_4Ci + H_2O$$

同时，注氨增加了硫化氢的溶解度，促使金属表面较快地生成硫化亚铁保护膜，进一步降低了腐蚀。

注氨对塔顶冷凝水 pH 值起到了调节作用，pH 值对缓蚀剂的使用效果影响很大。

注氨的缺点是生成氯化物，它在 350℃ 以下是固体状态，在 H_2S 存在时．会引起垢下腐蚀。

32. 开常压部分时常遇到的问题如何处理?

(1) 真空度抽不上去。此时首先要根据渣油出装置情况严格控制好原油量，确保减压塔底液面不高且平稳正常。其次要稳定好常压部分的操作，特别注意常压塔最下层侧线拔出量，不能拔得太轻。再就是要控制好减顶温度，一般控制在 90 ~110℃ 为宜，并且尽可能将各中段回流都打一些，这样对真空度有好处。若真空度仍上不去，则要考虑减压塔顶抽真空系统是否有泄漏或抽空器本身的故障、水封状况、放空是否畅通，还要检查冷却水压力，冷却水量是否正常等。

(2) 减压塔顶温度猛然上升，这是开启抽空器太快所致。因此，开启抽空器一定要缓慢，并且在开减压部分前就必须先将减压塔顶回流建立起来。

（3）减顶产品输出困难。减压塔顶产品泵在事先试好，防止减顶温度超指标后，减顶产品不能及时打出去。

（4）减压侧线泵不易上量，处理方法同常压侧线泵抽空的处理方法。

三、催化装置中的塔设备

1. 简述催化分馏塔内精馏过程

在催化裂化反应中，油气的分离是在分馏塔内完成的，反应油气进入分馏塔的脱过热段(人字挡板下)，与人字挡板上向下流的循环油浆逆流接触，脱除过热、洗涤油气中夹带的催化剂粉尘，并使反应油气进行部分冷凝。首先冷凝的是沸点较高的油浆，上升的油气混合物在塔内随着温度的逐渐降低，又会出现部分冷凝，冷凝液为回炼油，未冷凝的气相中，主要是沸点较低的轻柴油和汽油。再降低温度使其逐渐部分冷凝时，冷凝的是轻柴油，最后不能冷凝的是汽油、蒸汽。此时，在分馏塔底的是高沸点馏分(油浆)，塔侧自下而上可取得回炼油、轻柴油馏分，自塔顶可取得汽油馏分。

气相混合物在精馏段逐渐降温冷凝，气体降温冷凝为流体放出冷凝潜热，这部分热量要通过塔顶和中段回流取走，并使回流中所带的烃加热气化为气相。

在塔内，上升的气相温度不断降低，其中轻组分含量逐渐增加。液相中温度不断升高，其中轻组分的浓度逐渐减少，最终达到轻重组分的分离。根据需要，可以从塔的侧线分出轻重组分不同的馏分。

2. 催化分馏塔与其他分馏塔有什么区别?

(1) 有脱过热段和洗涤粉尘的油浆段。催化分馏塔的进料是高温、带有催化剂粉尘的过热油气，因此在塔底设油浆换热段，用油浆循环回流来冷却过热油气和洗涤催化剂。

(2) 全塔余热量大。催化分馏塔的进料是450℃以上的高温过热油气。因此，在满足分离要求的前提下，尽量减少顶部回流的取热量，增加温度较高的油浆及中段循环回流取热量，以便于充分利用高温位热量换热和发生蒸汽。

(3) 系统压降要求小。为提高气压机入口压力，降低气压机的能耗，提高气压机处理能力，应尽量减小分馏系统的压降。可以通过采用合适的塔盘形式(筛孔塔盘)和合适的塔盘层数(一般采用28~32塔盘)来降低塔的压降。

3. 催化分馏塔选材有什么要求?

分馏塔选材时主要考虑高温硫对设备的腐蚀。由于奥氏体不锈钢不适用于400℃以上的高温系统，故分馏塔塔底脱过热段选用铁素体0Cr13Al为覆层的不锈钢比较合适。对于分馏塔的下部几层塔板和人字挡板，由于介质温度较高，宜选用0Cr13和Cr19Ni9。

4. 催化分馏塔为什么用人字挡板?

催化裂化分馏塔的进料是温度在450℃以上，同时夹带催化剂粉尘的过热油气。这是和其他分馏塔明显不同的地方。催化分馏塔下部有一个油浆换热段，从塔底抽出循环油浆，经过换热和冷却后返回塔内和上升的油气逆流接触，一方面把油气迅速冷却下来，以避免结焦；另一方面也把油气夹带的催化剂粉尘洗涤下来。油浆换热段由于温度较高，同时又有催化剂粉尘，因此一般采用人字挡板，而不用塔盘。

5. 催化汽提塔与分馏塔有什么区别?

汽提塔底通入过热水蒸气，在温度不变以及总压力一定时，降低油气分压，增加气化率，即提高侧线产品中轻组分的拔出率，从而降低产品中轻组分的含量。

催化分馏塔底部进料，只有精馏段而没有提馏段。汽提塔是塔顶进料，相当侧线产品的提馏段。

6. 催化分馏塔有几个循环回流？采用循环回流有什么好处？

有四个循环回流，即塔顶循环回流、两个中段回流和油浆循环回流。具有以下优点：

使塔内各段塔板气、液负荷均匀，可减小塔径。若塔径不变，适当增加循环回流，可提高处理量。

循环回流抽出温度高，便于延用高温位热能回流。

用循环回流控制产品质量，灵活、操作容易平稳。但是采用循环回流也有不可避免的缺点：循环回流返塔温度低，组成也比返回层塔盘的馏分重。因此，抽出塔板到返回塔板主要起换热作用，降低精馏作用。

塔顶多用顶部循环回流而不用冷回流，因为进入分馏塔的油气中有相当数量的惰性气体和不凝气，会影响塔顶冷凝冷却器的传热效果，采用循环回流可以避免惰性气体的不凝气的影响，而且抽出温度较高，对回收热量有利。因此，采用顶循环回流代替塔顶冷回流，可以减小冷却面积，降低水、电消耗。同时可以减小塔顶到气压机入口压力降，提高气压机，减小气压机功率消耗。

7. 分馏塔顶为什么要注氨？

分馏塔注氨主要是从防腐角度出发的。在分馏塔顶油气管线上注入浓度为0.5% ~3%的氨水，以中和分馏塔顶油气中的酸性物质 H_2S、RSH、HCl、HCN 等。这些酸性物质主要由原料中的硫、氮化物及盐类在催化裂化反应过程中产生的。中和反应产物铵盐溶于水，可从分馏塔顶油气分离器中以含硫污水的形式从汽油中分出。

塔顶注氨主要发生下述中和反应：

$$H_2S + 2NH_3 \cdot H_2O \longrightarrow (NH_4)_2S + 2H_2O$$

$$RSH(气) + NH_3 \cdot H_2O \longrightarrow RSNH_4 + H_2O$$

$$HCl + NH_3 \cdot H_2O \longrightarrow NH_4Cl + H_2O$$

$$HCN + NH_3 \cdot H_2O \longrightarrow NH_4CN + H_2O$$

8. 吸收稳定系统各塔选材有什么要求？

吸收稳定系统具有湿硫化氢腐蚀的环境条件，选材时主要考虑防硫化氢应力腐蚀。吸收稳定系统的塔体材料以选用20R +0Cr13Al 材料为宜。

9. 催化稳定塔的特点是什么？

稳定塔又叫做脱丁烷塔，实质上是个精馏塔，其作用是把吸收解吸系统回收的液化气尽量分离出来，属于有压力下多组分精馏过程。

整个稳定塔由精馏塔、进料段、提馏段三部分构成。塔内安装浮阀塔板，塔顶设冷凝器以提供液相回流，塔底由重沸器提供气相回流，塔中部设有三个进料口。

脱乙烷汽油由稳定塔中部进入进料段后，气、液两相经多级塔板的相间接触，逐渐进行扩散、传热、传质，使 C_3、C_4 组分得以有效分离，塔顶产品是液化气，塔底产品是蒸气压合格的稳定汽油。

10. 催化再吸收塔有什么特点？

催化再吸收塔也采用浮阀塔板。再吸收塔内的操作过程与吸收塔大致相同。只是再吸收塔处理能力低，规格小，塔中部不设冷却回流。轻柴油作为吸收剂由塔顶部打入，贫气由塔底部入塔。完成吸收过程后，干气由塔顶排出，富吸收油由塔底自压返回分馏系统。

11. 催化解吸塔有什么特点？

催化解吸塔大多使用双溢流浮阀塔板，塔底设解吸重沸器。解吸塔也叫做脱乙烷塔，就其过程特点看，实质上相当于精馏塔的提馏段。

解吸塔底采用卧式热虹吸重沸器，大都使用分馏系统一中循环回流作热源，重沸器中加热形成的气体返回解吸塔底，作为气相回流。富吸收油从解吸塔顶部进入后，液流下行。与逆流而上的温度较高的气相回流在塔板上相互接触，传热传质，使溶解于汽油中的 C_1、C_2 组分被解吸，进入气相中。这样逐级传热、传质的结果，液相中的 C_1、C_2 组分逐渐解吸出来，最后自塔底流入重沸加热，于是，汽油中剩余的 C_2 组分被气化脱净，得到合格的脱乙烷汽油。气相回流与逐层塔板上的解吸气一起，上升到塔顶，排入气、液平衡罐，再返回吸收塔。从而完成解吸过程。

12. 催化吸收塔有什么特点？

催化吸收塔中用汽油吸收富气的过程是在板式吸收塔内进行的，塔盘一般采用浮阀塔板。吸收塔结构及工艺流体在塔内的操作情形与普通板式塔基本一样。作为吸收剂的脱丁烷汽油和粗汽油分别由塔顶和塔上部入塔，平衡罐来的不凝油气由塔下部进入，贫气由塔顶排出，富吸收汽油自塔底抽出塔。塔中部设有两层集油箱，箱内集油用泵抽出，经中间冷却器，再从下一层塔板打回塔。吸收油沿各层塔板下行，与上升的混合油气在塔板内相互接触。由上层塔板降液管下行的汽油流入下层塔板受液区，然后横向流过塔板，与该层塔板阀孔中上升的气流呈错流方式接触。气液相间进行扩散传质后，流体流经塔板上出口端的溢流堰，流入该层塔板降液管，继续下行；未被吸收的气体，从塔板上液层中逸出与液相分离，继续上升。塔板上液体靠溢流堰保持一定液层高度。这样，气液两相经逐级接触，进行传质，从而完成吸收过程。

四、加氢装置中的塔设备

1. 加氢精制装置减少塔腐蚀的设备设计准则是什么？

当操作介质中 H_2S 分压大于 0.00035MPa，并有水存在时(湿 H_2S 环境)所使用的设备应选用镇静钢，且钢板厚度大于 20mm 者应进行 100% 超声波探伤。检验结果应符合JB1150—73《压力容器用钢板超声波探伤》中Ⅱ级要求。

2. 加氢精制装置塔设备制造时对材料的要求是什么？

在湿 H_2S 环境下，为防止产生应力腐蚀开裂，设备制造时应满足下列要求：

(1) 设备制造完毕后，应进行焊后热处理，控制焊缝和热影响区的硬度 HB≤200。

(2) 当采用埋弧自动焊时，不得用陶瓷型焊剂，必须用熔融型焊剂。

3. 柴油加氢精制装置脱硫化氢汽提塔应采用何种结构类型的塔，该塔有何主要的结构特点？

应采用填料塔，填料选用规整填料。

填料塔的主要结构特点是在填料层上部设置有槽式的液体分布器，中间为填料层，塔底抽出口设置有防涡流挡板。

4. 柴油加氢精制装置溶剂再生塔冲塔有什么现象？原因是什么？如何处理？

冲塔的现象：

(1) 溶剂再生塔顶回流罐液面和压力马上上升；

(2) 酸性气出装置量突然增大；

（3）塔压升高，液面下降。

产生的原因：

（1）再生塔底重沸器加热蒸汽量过大，导致温度超高，气相负荷过大；

（2）再生塔液面波动大；

（3）压控失灵，波动过大；

（4）再生塔顶回流过大后中断或回流泵故障。

处理方法：

（1）降低塔底重沸器加热蒸汽量；

（2）控制住液面、压力；

（3）切换备用泵，调整回流罐面及回流量至正常。

5. 柴油加氢精制装置产品分馏塔顶汽油干点高的原因是什么？如何处理？

原因：

（1）分馏塔顶温度高；

（2）塔底温度偏高；

（3）进料组分变轻；

（4）回流带水；

（5）塔操作压力低；

（6）回流量太小。

处理方法：

（1）降低塔顶温度；

（2）降低分馏塔底重沸炉加热量；

（3）降低进料温度；

（4）加强产品分馏塔顶回流罐脱水；

（5）提高塔的操作压力；

（6）适当加大回流量。

6. 柴油加氢精制装置脱硫化氢汽提塔采用什么材质？塔顶为何要注缓蚀剂？

主材为20R，内壁再贴了3mm厚的0Cr18Ni11Ti板。因为塔内气体中硫化氢含量很高，尤其是塔顶处，可达到25%～40%（体积比），温度又较低，与水蒸气形成H_2S—H_2O型腐蚀，加入缓蚀剂后能在金属表面形成一层保护膜，减少H_2S对汽提塔顶及后面管道、换热系统的腐蚀。

7. 加氢裂化装置液化气和干气脱硫塔的结构特点是什么？

液化气脱硫塔与干气脱硫塔均采用板波纹规整填料，液化气的填料层数多，且在每层板波纹填料之下还有FG型格栅规整填料支承再分布器，也是该填料的组成部分，采用波纹板式结构，90°交错叠加而成，其主要作用对液滴均匀地破碎切割，提高传质效率。干气脱硫塔一般无FG型格栅规整填料。干气塔填料层数与结构相对简单一些。填料采用不锈钢材质不会腐蚀损坏，可运行几个周期不进行大修。

8. 加氢裂化装置循环气脱硫塔的结构特点是什么？

该塔盘为浮阀板式塔盘，这与一般的塔没有大的区别，所不同的是该塔为16MPa高压设备，塔体采用锻造（或用厚板卷制称板焊式），上下封头为球形，塔顶设一弯头短接，一头与气体出口管相连，另一头与塔体的法兰连接，同时作为人孔，在塔体侧面不再开人孔。

9. 加氢裂化装置的脱丁烷塔对分馏系统防腐所起作用是什么？如何防腐？

脱丁烷塔除了将反应物的丁烷及以上组分分离出来，还将腐蚀气体H_2S分离，从塔顶部排出，不进入下游分馏系统。当装置负荷小或反应物中轻组分液化气较少，分离效果不好时，H_2S 一部分仍留在塔底，造成塔底碳钢设备管线及下游分馏设备管线的高温活性硫腐蚀，尾油中铁离子含量高，对于尾油循环的加氢裂化来说，这就意味着裂化反应器顶部催化剂床层压降很快升高，须停工撇头。塔上部的低温硫化氢腐蚀产物也会随塔顶回流返到塔底，这样铁离子也带入尾油中。

脱丁烷塔所起的防腐作用很重要。20 世纪 90 年代末设计的该设备一般采用碳钢 + 0Cr13Al 或碳钢 + 321 复合钢，对高温硫和低温湿硫化氢的防腐性均很好。塔盘及填料有的均用 304 不锈钢，防腐效果也非常好。为减少塔顶的腐蚀可以注缓蚀剂。但要使整个分馏系统防腐最根本的是提高塔的操作性能，H_2S 的分离效果要很好，降低塔底部硫含量，所以采用微分塔盘等高效的新型塔盘，是常选的方案。

10. 加氢裂化装置脱硫再生塔结构与防腐有哪些特点？

脱硫再生塔能小型塔为单流浮阀塔，中大型的采用双流浮阀塔，近几年来新的专利技术运用较广，浮阀的型式也有很多种。

塔内的介质腐蚀主要为顶部硫化氢酸性气液的均匀腐蚀和应力腐蚀，塔下部胺液的应力腐蚀，防腐主要采取塔体上部注水溶性缓蚀剂，或塔盘和内件均用 18 - 8 不锈钢，塔体也可用 18 - 8 复合不锈钢材料。处理胺溶液的再生系统包括设备和管线的碳钢材料均要消除焊接应力。

11. 加氢裂化装置分馏新型塔盘的特点是什么？

脱丁烷塔精馏段运用 ADV 微分浮阀塔盘，下段运用 DJ 塔盘：常压塔采用了浮阀塔板与加金属板波纹 Mellapak、Gempak 规整填料的空中复合；减压塔大量采用 Mellapak、Gempak 规整填料的新型复合塔盘。

(1) ADV 浮阀塔盘

ADV 浮阀塔盘是在传统 F1 浮阀塔盘的基础上，对浮阀和塔盘的整体结构进行优化而来的。结构特点(1) F1 浮阀上方是封闭的平面，没有鼓泡，气液接触较差传质效率低，ADV 微分浮阀(见图 3)在阀顶部开水平喷射小阀孔，传质空间增加使气体分散更加均匀，减少了高负荷时各阀间的气流对冲，减少了雾沫夹带，相应提高了气相处理量；(2) ADV 浮阀的阀脚和阀孔结构使其不会旋转，克服了传统浮阀旋转的弊端，使 ADV 浮阀具有一定的导向作用，有利于消除塔板上液体滞流现象提高液体分布的均匀度。优点是提高了处理能力和分离效率，增加了操作弹性，压降减少 10%。雾沫夹带率明显小。

图 3　微分浮阀

(2) DJ 杭州普赛塔盘

DJ 塔盘是由悬挂式多根矩形降液管的 MD 塔板开发而来的，继承了 MD 塔板降液管的特色，并在结构型式、通量和效率等方面有所创新。主要结构特点是采用宽型降液管，受液区相应位置上开设导流孔或设置导流板，极大改善液流的初始分布，使塔板上的液流接近于活塞流，较大地提高效率。为减少塔板间的雾沫夹带，DJ－3 型是一种复合型塔板。通过在 DJ－2 型塔板下面采用空中复合技术，在塔板下复合上一薄层规整填料，如图 4 所示。当负荷高时，雾沫夹带会严重影响塔板效率，甚至引起雾沫夹带液泛。填料层处于气相空间，起到了抑制雾沫夹带作用，同时改善了塔板间的气相分布，使塔板效率提高10% ~15%，气相通量提高15% ~20%。对于气液负荷都较高的操作，效果尤其明显。当负荷低时，塔板倾向性漏液，填料层起了气液传质作用，使塔板效率得以提高。而在正常负荷范围，筛板的随机漏液与上升的气相在填料层内进一步传质，增加了塔板的分离效果。因此，DJ-3 型塔板具有大通量、高弹性和高效率的优良特性。

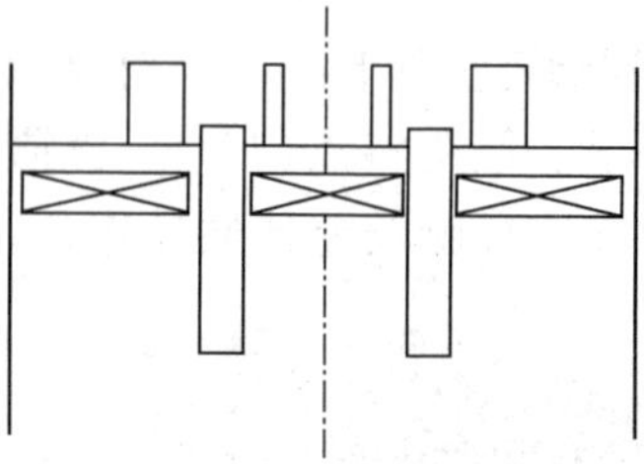

图4　DJ-3 型塔板结构示意图

DJ 系列塔板适用于处理高液气比、大液量的操作，通过增设导流装置、防冲击漏液装置以及在塔板下方复合填料等措施，可以改善板上液流分布，减少冲击漏液量，减少雾沫夹带量，从而大大提高 DJ 系列塔板的效率，增大操作弹性。

（3）HT 半管式规整填料

以苏尔寿公司 Mellapak 和格里西公司 Gempak 为代表的一代新型高效传质塔内件，由于具有效率高，通量大，压降大以及在分布状态良好的前提下，几乎无放大效应的特点，正越来越广泛地被应用于石油化工、医药轻工和环保工程等领域，具有可替代传统的板式塔板和散堆填料的趋势。一种优良填料，应具备的综合性能是（1）尽可能大的比表面积；（2）流线型流道；（3）液膜能不断更新；（4）气流可高度湍动；（5）填料表面均匀润湿；（6）气、液分布良好。

与填料配套的分布器可实现上述（5）（6）项的性能，Mellapak 和 Gempak 等板波规整填料已满足（1）~（4）项综合性能。HT 型规整填料还具有投影几何图形简单、易于加工的优点。其材质以合金钢和碳钢为主，也可以用陶瓷和工程塑料。

12. 加氢裂化装置减压塔新旧设计结构上的不同点是什么？

过去由于新型塔盘和填料的缺乏，结构上常采用塔顶部为一层常规鲍尔环散形填料，下面为多层 F1 双流浮阀，这种塔效率低，塔压降大，真空度不足，不适合装置大型化大处理量的要求，目前多采用 Mellapak 和 Gempak 等板波规整填料为主体的填料塔结构，并有了槽盘式系列气液分布器、辐射式系列进气初始分布器、梁式多降液槽塔盘的新技术应用。

五、连续重整装置中的塔设备

1. 汽提塔的结构组成及作用是什么？

汽提塔的主要作用是将来自预加氢反应器的反应产物进行分设，去除汽油中的轻组分及硫化氢，为重整单元提供合格的精制原料。

2. 汽提塔顶为什么要设置注缓蚀剂系统？

由于从预加氢反应器出来的油中含有硫化氢，在汽提塔顶部对设备造成腐蚀因此汽提塔顶部需要一套注缓蚀剂系统。

3. 脱丁烷塔（T301）如何控制塔顶回流量？

C_4 轻组分从塔顶馏出，经空冷冷却后进入回流罐，液相经回流泵由液位各总流量串级控制回流量，由塔顶灵敏塔盘温度和流量控制出装置。

4. 简述 C_4/C_5 分馏塔（T202）各介质流向

C_4 轻组分从分馏塔顶馏出，经空冷冷却后进入回流罐，含硫化氢富气在压力控制下送至焦化装置脱硫，液体经回流泵升压后，部分返塔，部分去二催化脱硫。塔底的戊烷馏分一部分经加热后返塔提供能源，一部分作为加热炉的燃料气，另一部分送出装置。

5. 脱戊烷塔（T502）各介质流向如何？塔盘具有什么样的结构形式？

塔顶分馏出的戊烷送出装置，塔底苯馏分油经冷却器冷却后出装置，作为抽提装置的原料。

脱戊烷塔由40层塔盘组成，形式为单溢流浮阀塔盘，浮阀为F1Z－4A。

6. 连续重整装置塔设备检修应注意哪些内容?

塔设备检修应注意以下几方面内容：

(1) 塔内应清扫干净；

(2) 各浮阀应逐个检查，确保浮阀运动灵活；

(3) 检查浮阀脱落情况，并及时补齐；

(4) 封通道板时要专人配合，确保每层塔盘坚固件安装可靠；

(5) 封人孔前应仔细检查各抽出口应无杂物；

(6) 在拆人孔时，必须保证人孔从上到下顺序依次打开。

六、延迟焦化装置中的塔设备

1. 如果板式塔（浮阀塔盘）生产一段时间后，出现效率下降，侧线产品有的重，有的轻，收率有的少，有的多，且伴有全塔压降明显减小等现象，是什么原因？如何处理？

故障原因：

（1）塔板被严重腐蚀烂掉；

（2）塔板上浮阀大面积严重脱落。

可能原因：

（1）浮阀腐蚀、磨损；

（2）浮阀安装质量不好。

处理方法：

更换耐腐蚀材质的塔板及浮阀，并严格按照质量要求安装浮阀。

2. 接触冷却塔安全阀跳开的原因是什么？应如何处理？

原因：

（1）空冷冻凝；

（2）瓦斯带液，后路不畅；

（3）大吹气量过大，给水量不当；

（4）回流太小或中断。

处理：

（1）开空冷加热器；

（2）瓦斯管线排尽存液；

（3）减小吹气量，控制给水量；

(4) 启动备用泵或提高回流量。

3. 干气脱硫塔 T301 顶的旋风分离器有何作用？

T301 顶出来的干气往往带有胺液，尤其当干气量大的时候，带液就更严重。带液的干气经旋风分离器分离后，大部分的胺液可以分离下来回到塔 301 底。剩下尚未分离下来的再经过 301/1 进一步分离，这样可以保证干气带液控制到最少程度。由于干气出装置后进入系统高瓦管网，如果干气中带液严重，就会影响各燃烧炉的安全运行。

4. 焦炭塔裙座产生裂纹的原因是什么？应如何处理？

在频繁而严重的加热和冷却循环下，焦炭塔裙座焊缝及其附近部位将受到较大的交变热应力作用，并且在急剧升温和急剧冷却阶段受到大于材料屈服应力的热应力载荷周期性作用，同时加上原有的柔性槽结构不合理，所以在裙座柔性槽周围将会产生大量的热疲劳裂纹。

应通过分数瓣在线更换进行处理。

5. 焦碳塔正常生产、操作的注意事项是什么？

焦碳塔在其吹汽、生焦、冷焦、给水过程中，由于温度变化较大(从常温到 400℃)，极易引起静密封泄漏、点漏。故要求岗位人员加强检查，发现泄漏及早处理；吹汽阶段，要严格控制汽量，防止因吹汽量过大引起焦碳塔晃动，从而引起重大事故。

6. 请分别说明发生在焦化塔设备的腐蚀原理及典型腐蚀特征

焦化塔由焦碳塔、分馏塔、溶剂再生塔等组成，在不同设备中产生的腐蚀现分述如下：

焦碳塔：顶封头及空塔段 1m 内，高温 S 腐蚀，高浓度

H_2S 聚集，容易在开工线或安全阀接管处形成涡流，无法形成 FeS 保护膜，而焊接热影响区又是薄弱环节，从而造成局部腐蚀，减薄严重。

分馏塔：主要产生高温 S 腐蚀，即

$$Fe + H_2S \longrightarrow FeS + H_2 \text{（240℃ 以上）}$$

$$H_2S \longrightarrow S + H_2 \text{（温度在 350 ～ 400℃ 之间）}$$

$$S + Fe \longrightarrow FeS$$

$$RCH_2CH_2SH + Fe \longrightarrow RCHCH_2 + FeS + H_2 \text{（大于 200℃）}$$

溶剂再生塔：主要产生低温硫腐蚀，即

RNH_2（乙醇胺）造成 $H_2S—CO_2—H_2O$ 型腐蚀

$$Fe + 2CO_2 + H_2O \longrightarrow Fe(HCO_3)_2 + H_2$$

$$Fe(HCO_3)_2 \longrightarrow FeCO_3 + CO_2 + H_2O$$

$$FeCO_3 + H_2S \longrightarrow CO_2 + H_2O + FeS$$

七、制氢装置中的塔设备

1. 苯菲尔脱碳溶液制氢的脱 CO_2 塔的腐蚀部位主要在何处？应采用什么方法防腐？

脱 CO_2 塔半贫液以上，CO_2 分解，形成了酸性水溶液，这种腐蚀在温度为60℃以上时尤为明显，一般发生在再生塔的上部。为防止腐蚀半贫液上段塔体，采用不锈钢复合钢，塔盘、内件多数采用奥氏体不锈钢。

塔体下部主要是碳酸钾溶液引起的碳钢腐蚀，溶液水解出 CO_3^{2-} 和 HCO_3^-，其中 HCO_3^- 的腐蚀作用比 CO_3^{2-} 强，腐蚀生成的 Fe 进入溶液，从而使金属表面的腐蚀得以不断进行。为了防止这种腐蚀，一般在溶液中添加缓蚀剂五氧化二钒或偏钒酸盐，使在碳钢表面生成一层致密的钝化膜，从而防止碳钢继续被侵蚀。

碳酸钾是一种电解质碱液的应力腐蚀，因此存在着应力腐蚀的可能，由于设备加工时热处理不当，产生残留应力。一旦设备出现应力腐蚀的裂缝，它能以很快的速度延伸，从而导致设备的破裂。碳钢设备和管线的焊缝都要进行应力消除热处理。

2. 制氢装置 CO_2 吸收塔的腐蚀部位主要在何处？应采用什么方法防腐？

塔上部和下部碳酸钾和碳酸氢钾溶液水解出 CO_3^{2-} 和 HCO_3^- 会引起碳钢腐蚀，碱性溶液的应力腐蚀开裂。

添加缓蚀剂五氧化二钒或偏钒酸盐，使碳钢表面生成一层致密的钝化膜，从而防止碳钢继续被侵蚀。塔盘、内件多数采用奥氏体不锈钢。

避免应力腐蚀开裂，塔内和管线焊缝都要进行应力消除热处理。

3. 苯菲尔脱碳溶液制氢的脱 CO_2 塔采用什么样的结构材质?

总体上这种塔采用填料加圆泡罩结构，塔分上下两段。上段底部排出半贫液，有三层填料；下段再生出贫液，有二层填料。塔体上段一般采用不锈钢复合钢板制造，下段也有采用复合钢的，有的仍采用碳钢添加缓蚀剂五氧化二钒缓蚀剂，表面形成保护膜防腐。在填料层上层均有气液分布盘。

塔盘内件防腐效果好的均用不锈钢，塔顶部有三层塔盘采用圆泡罩形式。填料采用鲍尔环，用不锈钢防腐效果最好，也可用非金属材料。

4. 影响制氢装置再生塔效果的主要因素是哪些?

所谓再生度，是指溶液经再生后贫液中残余的 CO_2 含多少的程度。

影响再生度的主要因素有：

（1）温度　溶液的再生是一个吸热的化学反应，在一定的条件下，温度高，则再生效果好。但过高的温度不仅增大动力消耗，蒸汽消耗，而且会引起溶液降解，腐蚀设备。过低的温度则再生效果差，从而引起吸收效果差。

（2）压力　溶液的再生是一个体积增大的反应，在一定的操作条件下，降低溶液的再生压力，再生效果好。同时由于再生压力的降低，再生温度也可随之下降，这对减轻设备的腐蚀和降解都有好处。一般选择溶液再生操作压力时，只需考虑克服溶液出塔进入溶液循环泵的阻力，维持溶液进泵为正压即可。

（3）溶液　浓度溶液中如水含量高，则汽提蒸汽量大，塔段的解吸率提高，可相应地降低再生温度，再生效果好。但过高的水含量，容易使再生塔负荷加大，且溶液浓度相对减小，从而影响效果。

（4）再生塔液位　再生塔液位的高低可直接影响煮沸器的加热效果和煮沸器的循环量。液位过高会使上升的汽提蒸汽分布不匀，严重的会引起水击。过低则会减少煮沸器的溶液循环量，使再生效果变差，甚至会形成煮沸器干烧，损坏煮沸器。

（5）溶液降解物和杂质对再生的影响　溶液中胺降物和杂质的增加会使溶液的粘度增加，溶液变质起泡，降低传热效率，再生效果变差。同时溶液的胺降解物，对设备腐蚀性很大，故操作中应尽量控制溶液的胺降解量。

5. 正常生产中制氢装置富液控制阀一旦失灵，会带来什么后果，如何处理？

正常生产中富液控制阀一旦失灵，吸收塔的液位不是突发上升，便是直线下降，打乱整个操作。发现不及时不是引发塔液泛，就是造成吸收塔空压。高压气流串入再生塔，冲翻塔盘，使再生塔液泛。所以必须注意操作，一旦发现问题，尽快改副线阀操作，通知仪表工，尽快修复调节阀。

6. 制氢装置吸收塔压力波动大是什么原因？怎样处理？

原因：

（1）工业氢出装置压控阀波动大，也就是工业氢分五力波动大；

（2）吸收塔有拦液、泛塔现象；

（3）加氢压缩机入口调整幅度过大；

（4）前部系统压力出现波动，而造成吸收塔压力波动大。

处理：

（1）控制稳分水罐压力，如是仪表问题应改手动操作；

（2）检查塔内操作是否有拦液现象或泛塔，如确定有这两种可按拦液处理；

（3）联系压缩机调整应缓慢，勤调，小调；

（4）前部岗位稳定操作。

7. 制氢装置脱 CO_2 吸收塔和再生塔在结构上有何异同？

吸收器与再生塔相比有很大的相似点，均采用鲍尔环填料，填料层上面均有气液分布盘，填料支撑圈结构一致。不同的是脱 CO_2 吸收塔塔径上下段不同，半贫液进料处以下塔径增大。CO_2 再生塔塔顶富液进料口上有三层圆泡罩塔盘，而吸收塔顶有一层破沫网。

八、聚丙烯装置中的塔设备

1. 聚丙烯装置 T301 是什么形式的塔？名称是什么？有什么作用？

T301 折流板塔，名称为高压循环丙烯洗涤塔。作用是利用塔板内上升的气相丙烯和下落的液相丙烯进行逆流接触，除去物料中的细末。

2. 聚丙烯装置 T301（高压循环丙烯洗涤塔）内部需修理时，对 T301 系统进行隔离及工艺处理的步骤是什么？

（1）首先按正常步骤停车，倒空 T301 内丙烯，FV326 关，停 P302A/B，然后停 E303 热水。

（2）切断 D301 至 T301 截止阀，LV301 略开。

（3）LV231 关，PV323 前后阀关，关 C301 至 T301 进料手阀，关 T301 至 D303 手阀。

（4）FV323 前后截止阀关，确认其他与 T301、E301 相连的出、入口管线上的阀门关闭。

（5）D301、T301、F301 进行泄压。

（6）对 T301 进行 N2 置换，进行低点排放，置换三次分析烃含量是否合格。

（7）加 T301 出、入口相应盲板。

（8）打开人孔，用空气进行置换后，分析氧含量，合格后可入 T301 内。

3. 聚丙烯装置 T303 是什么形式的塔？名称是什么？有什么作用？

T303 氢气汽提塔为填料浮阀塔，这种塔板的特点是随着气量的变化，浮阀可自动调节升高位置。塔板上气流截面通道可随气体流量改变而自行调节。其操作弹性大，气液接触性能好。可分离丙烯气中的 H_2。

4. 聚丙烯装置 T702、T703 及 T704 为何种形式的塔？其构造、分子筛脱水原理是什么？

丙烯的脱水单元 T703 采用分子筛干燥塔。它的构造是塔的内部装有脱水用的分子筛。可以通过分子筛的吸附作用，使原料丙烯的含水量从 20×10^{-6}降至 2×10^{-6}以下。

分子筛脱水原理是(1)分子筛在结构中有许多孔径均匀的孔道与排列整齐的孔穴，这些孔穴不但提供了很大的比表面积，而且它只允许直径比孔径小的分子进入，而比孔径大的分子则不能进入，从而使大小形状不同的分子分开，起到筛选分子的作用，故称分子筛；(2)临界直径比分子筛孔径小的分子，虽然都能进入毛细孔内，但由于这些分子的极性，不饱和度和空间结构不同，出现吸附强弱和扩散速度的差异，分子筛优先吸附的是不饱和分子、极性分子和易极化分子。

5. 聚丙烯装置 T701 为何种形式的塔？采用何种填料？该填料有何特点？

T701 塔为填料塔，采用英特洛克斯填料。英特洛克斯填料是近年来新开发的一种新型高效填料，它的流体阻力小，处理物料的能力大，传质效果好，是一种性能优良的填料。

九、气体综合利用装置中的塔设备

1. MTBE 装置甲醇回收塔有板式塔和填料塔，二者有何异同?

一般板式塔、填料塔都能用于甲醇回收。但是对 MTBE 装置来讲，甲醇回收量比较小，如果塔径在 600mm 以下，塔内件安装时，人体不能进入塔内，就只好用填料塔了。填料塔结构简单，规整填料效率高，阻力降小，安装方便，实践证明是很有效的。如果甲醇回收量大，甲醇塔径大于 1000mm，以板式塔盘为好，因为填料的价格较贵，且大填料塔的液体分布器更加重要，如果液体在塔内分布不均匀，填料的分离效率将降低，这些都会增加投资。分离效果相同时，投资是个决定因素。

在甲醇回收中应用最多的板式塔首先是浮阀塔。近几年有采用并流喷射塔板的，效果也很好，特别用于扩产改造上，塔径不变，甲醇回收量可大大增加。

2. MTBE 装置萃取塔的顶部扩大段起什么作用?

萃取塔顶部是扩大段，即它的直径比塔径要大。在塔身中 C_4 物流是自下向上流动，萃取水是自上向下流动，二者在塔的内件(塔盘或填料)的作用下充分接触。在工业操作条件下，甲醇在水中的溶解度是 C_4 的 300 倍。在萃取塔中，萃取水完全可以将 C_4 中的甲醇萃取到水相中。因在萃取塔中萃取水和 C_4 物料充分接触，在相对错流中，C_4 物流中可能会有油包水或水包油的非均相物，使萃取效率降低。因此，工程设计中塔顶部设有扩大段，如果截面积增大一倍，则物流线速度降低一倍，使向上流动物流中的游离水尽可能分离干净。

在扩大段内下部是水相，上部是油相。C_4 与水是互不溶物，所以有界面存在，二相物料通常都是无色的，所以不太容易观察。扩大段高度大约在 6.0m 左右，容积较大，其目的是让萃余相在扩大段有足够的停留时间，确保剩余 C_4 中不含游离水。

3. MTBE 装置萃取塔和蒸馏塔的结构及分离原理有何异同？

（1）萃取塔和蒸馏塔在结构上的异同：

相同点：都有塔的塔头、塔釜、塔体和塔内部构件，如塔板或填料。都有进料口和塔顶、塔底出料口。

不同点：蒸馏塔有再沸器加热，还有冷凝器、回流罐和回流泵等配套设备。萃取塔没有再沸器、冷凝器、回流罐和回流泵等配套设备，但多了一个扩大段。

（2）在分离原理上蒸馏塔和萃取塔的异同

相同点：都要控制流量、压力、温度、液面，并达到相应物料的分离。

不同点：蒸馏塔是靠加热、借助物质的相平衡常数的不同达到分离目的。萃取塔是靠萃取剂对物料中不同组分的溶解度不同达到萃取分离目的。

4. 气分装置丙烯精馏塔的特点和发展趋势是什么？

气分装置的丙烯精馏塔，因为涉及“丙－丙”分离，需要的塔盘数较多，塔较高，设计上多采用两塔串联，压力为 1.5～2.0MPa。材质上没有特殊要求，为一般碳钢即可。塔盘形式多采用浮阀塔盘，塔径较大的为双溢流塔盘。近年来，随着各大专院校科研开发的加快，许多新形式塔盘不断应用，如清华的 ADV 微分塔盘、华东理工的导向式浮阀、苏州格力奇公司的高效塔盘等，使得塔盘效率和处理能力大大提高。

5. 氢氟酸烷基化装置中，主分馏塔塔盘采用什么形式和材质，有什么特点？

国内引进的菲利浦石油公司专利的烷基化装置，主分馏塔塔盘选用的是 Nutter 公司的专利 V - grid 固阀塔盘，其优点是(1)因固阀迎着液体流动方向的一端比另一段宽，塔盘上液体不易泄漏；(2)因气流由下向上经两侧的阀孔向左右吹出，并与液体直接接触，弹性大，效率高；(3)可避免氟化铁污垢粘住或堵塞阀孔；(4)采用碳钢材质，结构简单，价格低。但因为进料层温度已经达到氢氟酸腐蚀温度的上限，故此处塔盘的腐蚀也最为严重。

十、合成氨及尿素装置中的塔设备

1. 合成装置15C4塔底内部结构有什么特点？这样设计的目的是什么？

15C4 塔底部有一挡板将 C_4 塔釜分成二部分，这样设计的目的是使再沸器相当于该塔的一块提馏板，提高出 15P6 去 15C5 甲醇中的水含量，降低系统甲醇中的水含量。

2. 合成装置13C1塔为什么上粗下细？

13C1 是石脑油汽提塔，大部分石脑油在上塔被气化，只有小部分下塔才被汽提出来，所以 C_1 塔上部蒸汽流量比下塔大得多。为了降低 C_1 塔精馏塔（顶部）的气体速度，保证其塔板效率，需要较大的塔板，从外表看，13C1 塔就上粗下细了。

3. 塔用填料有几种？合成氨净化工段甲醇水分离塔（4115C5）的填料形式是什么？

塔用填料有拉西环、鲍尔环、丝网填料、折流板式填料、英特洛克斯填料等。合成氨净化工段甲醇水分离塔 4115C5 的填料为折流板式填料。

4. 请在合成装置中各举一例说明堰塔板与无溢流堰塔板各有什么特点？

如合成氨净化工段二氧化碳洗涤塔（4115C1）是有溢流塔板。在有溢流塔板上，气液呈错流方式接触，板上的液层高度靠置于板上液体出口端的溢流堰或气流对板上液体的持液能力控制。这种塔板效率高，操作弹性大，生产过程较多用。

如合成氨净化工段甲醇水分离塔（4115C5）是无溢流塔板。在无溢流塔板上，气液两相逆流通过板上小孔，板上的液体的高度靠气流托住，这种塔板鼓泡面积所占比例大，塔板面积利用率高，结构简单，处理能力大。但操作弹性小，分离效率低。

5. 合成氨净化工段硫化氢浓缩塔（4115C3）设备检修交出的特点是什么？

因为合成氨净化二段硫化氢浓缩塔4115C3塔内硫化氢浓度高，在正常生产中容易在碳钢的设备内壁上生成FeS，而FeS的特性是在空气中极易自燃。因此，在塔的检修交出过程中，除了要做到一般设备隔离、清洗外，置换必需用氮气，在拆人孔前要对设备进行充氮保护等。

6. 合成装置酸性气体如何在4115C1塔内得到净化？

原料气从塔底进，贫甲醇从塔顶进，原料气和贫甲醇逆流接触，并在塔板上进行传质传热。气体由下往上逐渐得到净化，甲醇从上往下饱和度逐渐增加。中间设有二级换热器以降低甲醇溶液温度，增加 CO_2 在甲醇中的溶解度。由于 H_2S 等酸性气的溶解度和溶解速度远较 CO_2 大，故 H_2S 在4115C1下塔就被全部吸收，并且只需部分甲醇溶解。

7. 夏天骤降大雨时，合成装置甲醇再生塔（4115C4）工况为什么会发生波动？

夏天骤降大雨时，4115C4及换热器管道等的热损失会突然增加，使15C4压力降低，压力的降低又促使用4115P3打量增加，造成FI－11上升，C_4 压降、液位上升（液泛），从而 C_4 工况发生波动。

8. 空分精馏塔使用规整填料的技术特点是什么？

（1）阻力小，只有筛板塔的1/4~1/5；

（2）分离效率提高；

（3）操作弹性大；

（4）塔径小。

9. 设置尿素精馏塔（301－E）目的是什么？

设置301－E的目的有两个。一是加热使甲铵分解成NH_3和CO_2，主要是通过两段加热器完成；二是提高分解气中的NH_3和CO_2浓度，尽量在吸收系统生产浓的甲铵液，减少进合成塔的水量，过程在精馏段完成。

10. 尿素装置设置303－E吸收塔的目的是什么？如何判断其负荷高低？

303－E是常压填料吸收塔，用来进一步吸收302－E及708－C气相中的NH_3、CO_2，以减少原料气的放空损失；302－E、708－C气相中含有浓度很高的NH_3、CO_2，远大于稀氨水平衡气相中的NH_3、CO_2，所以，可以用稀氨水来吸收。判断303－E负荷高低，可以通过303－E下液温度TI001/17与703－J来的氨水温度的温差来判断，温差大，表明吸收的气相多，负荷大。

11. 尿素解吸塔液泛现象应如何预防？

当解吸塔发生液泛现象时，表现为压力突降，708－C满液，TR04－2突升。

预防措施有：

（1）操作中加蒸汽不要太猛太多。

（2）严格控制好塔顶温度，不要过高，不作大幅度调节。

（3）控制好LIC703液位，不满液。

（4）控制 TI001/19 温度低于塔顶温度 10℃以上。

（5）控制好 708 – C 液位，防止抽空造成 FIC701 无量。

12. 尿素汽提塔(201 – C)负荷为什么不能过低?

汽提塔负荷一般不低于 70% 运行(极限负荷是 60%)，负荷过低会使合成液在汽提塔上花板的液位很低或形不成液位，使汽提管液体分布不均，有些汽提管进液过少，产生局部过热，加剧了汽提塔的腐蚀。因此，应尽量避免在过低负荷下运行。

十一、其他装置中的塔设备

1. 污水汽提装置汽提塔、氨精制塔应采用什么样的材质和塔盘结构形式？

汽提塔的材质为 20R + 0Cr18Ni9Ti；塔盘结构形式为浮阀 + 填料。

氨精制塔的材质为 0Cr18Ni9Ti；选用填料塔。

2. 为什么污水汽提装置汽提塔在经过一段时间的运行后（比如 1 年左右），塔效率会降低？

因为汽提塔在经过一段时间的运行后，塔盘会结垢，严重时会把浮阀卡住而影响塔效率。

3. 为什么污水汽提装置汽提塔上半部分塔盘材质为不锈钢而下半部分为碳钢材质？

最主要考虑防腐的需要。通常汽提塔 30 层以下物料中硫含量逐层下降，且含量偏低。而在 30 ~ 45 层中物料中硫含量逐层上升，且 H_2S 浓度很高，经过填料层，最后在塔顶可得到浓度为 90% 以上的 H_2S，因此上半部分塔盘材质为不锈钢而下半部分为碳钢材质。

4. 脱硫装置塔及附属设备推荐使用结构材料的标准是什么？

推荐使用的结构材料列于表 5、表 6 之中，所列的材料为最低要求，可根据装置操作情况，改变选用材料。在表 6 中，当处理原料气中的总酸气含 H_2S 低于 1% 的装置，认为是处理 CO_2 的装置。

表 5　塔和容器结构用材

设备名称	脱 CO_2 装置	脱 H_2S 装置
气体吸收塔[1]	碳钢 +4mm 腐蚀裕度	
胺再生塔[2,3,4]	碳钢 +4mm 腐蚀裕度	
再生塔回流罐[5]	碳钢 +4mm 腐蚀裕度	

注：(1) 塔盘可考虑用 Cr13 不锈钢或碳钢。

(2) 塔盘可考虑用 $1Cr18N_i9T_i$ 或碳钢。

(3) 胺再生塔碳钢塔壁曾发现一些点蚀，点蚀是由液体直接碰击塔壁造成的。在塔内冲击区有设置防冲挡板，可减轻这种状况。

(4) 胺再生塔闪蒸段可衬 $1Cr18N_i9T_i$ 板或 0 Cr13 板。

(5) 容器地进行焊后消除应力热处理，焊缝和热影响区硬度不超过 HB200。

表 6　冷换设备结构用材

设备名称	脱 CO_2 装置	脱 H_2S 装置
贫富液换热器	筒体：碳钢[1] +4mmCA 管箱、管板：碳钢[1] +4mmCA 管子：无缝碳钢[2]，管子：无缝碳钢[3]	
胺再生塔顶冷凝器	全部使用碳钢[1] +4mmCA	
再生塔底重沸器	筒体：碳钢[1] +4mmCA 管箱、管板：碳钢[1] +4mmCA 管子：1Cr18Ni9Ti	
胺复活釜	筒体：碳钢[1] +4mmCA	

注：CA 表示腐蚀裕度

(1) 换热器壳体管箱管板和封头应进行焊后消除应力热处理，焊缝和热影响区的硬度不超过 HB200。

(2) 在 MEA 和 DEA 系统，如管子表面温度超过 120℃，则使用 1Cr18Ni9Ti 钢管，但在 MEA 系统中，如使用缓蚀剂，也可使用碳钢。在萨菲诺尔系统，如管子表面温度超过 110℃，使用 1Cr18Ni9Ti 钢管。

(3) 在 MEA 和 DEA 系统，如管子表面温度超过 120℃，则使用 1Cr18Ni9Ti 钢管，在萨菲诺尔系统，如管子表面温度超过 110℃，使用 1Cr18Ni9Ti 钢管。

5. PX 二甲苯再蒸馏塔（T401）及二甲苯分馏塔（402）采用什么塔盘？这种塔盘有什么特点？

T401、402 使用的是美国 UOP 公司的 MD 塔盘。MD 塔盘内具有很大的溢流长度以及降液管面积，保证了很高的液体负荷，压降很低。

降液管悬挂在气相空间，没有受液盘，增大了鼓泡区面积，气相负荷提高。

塔盘呈 90°交错布置，提高了混合效果，几乎没有死区。

降液管布置在塔盘上，不需要用螺栓连接，更不用焊接，塔盘安装容易。